AF536340

Martin Kluger

WELTERBE WASSER

Augsburgs historische Wasserwirtschaft.

Das UNESCO-Welterbe „Augsburger Wassermanagement-System“

context verlag Augsburg
www.context-mv.de

Prof. Dr. Joachim-Felix Leonhard war von 2003 bis 2007 Staatssekretär für Wissenschaft und Kunst in Hessen. Er ist seit 1997 Honorarprofessor für Geschichte an der Humboldt-Universität Berlin und seit Langem Mitglied nationaler und internationaler Gremien – unter anderem im Vorstand der Deutschen UNESCO-Kommission – sowie Vorsitzender des Deutschen Nominierungskomitees des UNESCO-Programms „Memory of the World".

Als am 6. Juli 2019 aus dem fernen aserbaidschanischen Baku die Meldung in Deutschland und vor allem in Augsburg ankam, dass die Bewerbung der Stadt Augsburg um die Aufnahme ihrer historischen Wasserwirtschaft in die Liste des UNESCO-Welterbes erfolgreich war, war dies zu Recht Anlass zu großer Freude und Stolz über das Erreichte für die Stadt, die mit dem Bezug auf das so einfach klingende und doch so vielschichtige Thema „Wasser" eine bemerkenswert weitsichtige inhaltliche Entscheidung bei der Planung getroffen hatte, wo in vergleichbaren anderen Fällen vielleicht eher das oder die jeweilige(n) historische(n) Monument(e) im Vordergrund hätten stehen mögen. Bemerkenswert aber auch, weil sie damit einen wesentlichen Beitrag zur Erinnerungskultur geleistet hat, der weit über die touristische Vermittlung von Gebäuden in Stein und Mörtel hinausgeht, weil er sich dem Wasser nicht erst seit den sommers wie winters in Mitteleuropa gestiegenen Wärmegraden als einem Element des Lebens – also der menschlichen Existenz auf unserem Planeten – zuwendet.

Wasser und Geschichte, Natur und Kultur haben gemeinsam, dass sie stets im Fluss sind. Dies besagt schon der Satz des griechischen Philosophen Heraklit von Ephesos („panta rhei") in seinen Flussfragmenten im 6./5. Jahrhundert vor Christus in der freilich meist verkürzt zitierten Fassung, wo es vollständig heißen müsste, dass „alles fließe und nichts bleibe". Beides kann sich neben Verläufen in der Natur auch auf die Entwicklung des Wissens um Natur und Kultur, um Existenz und Leben beziehen, wo immer neue Erkenntnisse frühere Erfahrungen ergänzen und Dynamik an die Stelle von Statik tritt.

Die bis in den Beginn des 15. Jahrhunderts und noch weiter zurückreichende Augsburger Wasserwirtschaft und Wasserkunst als einzigartiges historisches Erbe zu begreifen, wie es die UNESCO jetzt getan hat, heißt einerseits, sich dieses auf fast 180 Kanalkilometern von Menschenhand fein verzweigte, intelligente Nutzungssystem als wichtige, ja wesentliche Grundlage der wirtschaftlich-urbanen Entwicklung der ehemaligen Reichsstadt sowie die Verantwortung zum Erhalt für spätere Generationen vor Augen zu führen. Es heißt andererseits, zu erkennen, dass das aus Lech und Wertach sowie der kleinen Singold kommende Wasser bis zum Süden der Stadt heranfließt, um Augsburg dann über die Kanäle seit mehr als 800 Jahren – schriftlich belegt seit 1276, sicherlich aber schon zuvor – zu vielerlei Nutzung zu durchströmen und nach der Mündung der Wertach im Norden Augsburgs als Einzelfluss Lech dessen baldiger eigener Mündung in die Donau entgegenzuströmen. Es ist ein offenes System von Wasserwirtschaft, dem sich drei Monumentalbrunnen in der Stadt als Kunstwerke hinzugesellen.

Offen sollte auch die Beschäftigung mit diesem besonderem Erbe sein: offen und einladend für Bürgerinnen und Bürger der Stadt, stolz auf diese Ehrung der UNESCO für „ihr" Welterbe zu sein, und für die auswärtigen Besucher und Gäste, dieses Wassersystem kennenzulernen, in dem sich Technik und Kunst, Natur und Kultur einander begegnen und verbinden. Offen aber auch für Themen der Gegenwart, in der Fragen von Wasser, von Reinheit, Knappheit oder Kampf um Wasser in einzelnen Regionen der Erde ebenso eine Rolle spielen werden, wie dies die Veränderungen durch den Klimawandel erwarten oder befürchten lassen. Sich des Wertes des Wassers bewusst zu werden, ist so nicht nur eine Wahrnehmung von Fernsehbildern abendlicher Nachrichtensendungen: Es ist, weil zwischen Natur und Kultur angelegt, ein Gebot, das Welterbe als nachhaltigen Bildungsauftrag an- und aufzunehmen – in der Schule und in der Erwachsenenbildung, in Forschung und Lehre an Hochschule und Universität.

Dann kann aus der jetzigen Verleihung des Ehrenstatus „Welterbe Augsburger Wasserwirtschaft und Wasserkunst" etwas Dauerhaftes bei und für jedermann entstehen und Antrieb für urbane und soziale Entwicklungen sein, wie es das Wasser von Lech, Wertach und Singold schon lange ist. So wie alles fließt und Wechsel und Wandel bringt.

Karl Ganser, Dr. rer. nat., Dr. habil., Dr. h.c., MinDir. i. R., ist ein weltweit anerkannter Experte für Industriekultur: Er gilt als einer der Väter des neuen Ruhrgebiets. Er war unter anderem von 1989 bis 2000 Geschäftsführer der Gesellschaft Internationale Bauaustellung Emscher Park mbH sowie von 2000 bis 2004 Vorstand des Deutschen Architektur Zentrums in Berlin. Ganser wurde für seine Arbeit vielfach – national und international – geehrt.

Das war 2010 eine abwegige Idee, das System der Wasserversorgung in Augsburg für eine Aufnahme in das Welterbe anzumelden. Was sollte daran besonders sein – an ein paar Wassertürmen, an Quellen im Siebentischwald oder an Kanälen, die keiner kennt? Der Fuggerei, dem Rathaus oder den Prachtbrunnen hätte man vielleicht eher eine Chance gegeben, Welterbe zu werden.

Aber einer ließ sich nicht beirren und beschrieb in einem Buch die historische Wasserwirtschaft der Stadt als ein Wunderwerk von Natur, Handwerk, Technik, Baukunst und den Schönen Künsten in der Entwicklung seit dem Mittelalter bis heute. Martin Kluger hat 2015 mit seinem Buch „Augsburgs historische Wasserwirtschaft. Der Weg zum UNESCO-Welterbe" die Interessenbekundung der Stadt auf eine faszinierende Bühne gehoben. Schon 2012 hatte er ein erstes Begleitbuch zur Bewerbung der Stadt geschrieben, und 2013 legte er ein weiteres nach. Längst nicht alle waren von der Idee angetan und nur wenige konnten sich das Besondere an dieser scheinbaren Alltäglichkeit erklären.

Die Augsburger Interessenbekundung überstand das erste Auswahlverfahren unter den vielen Begehren in Bayern und – zum Erstaunen der Fachwelt – auch die Selektion auf Bundesebene. Jetzt musste das Aufnahmeverfahren nach den (bürokratischen) Regularien der UNESCO betrieben werden. Aus der Vielfalt der Objekte musste nun das ausgewählt werden, was nach den Kriterien der UNESCO von „universellem Wert" und zugleich „authentisch" ist. Rolf Höhmann mit seinem Büro für Industriearchäologie und einem Team aus der Stadtverwaltung besorgte diese Aufgabe. Die auserwählten Objekte – Lechkanäle und Wasserwerke, Brunnen und Kraftwerke – wurden genau beschrieben und auf dem Kataster lokalisiert. Mit dieser – zwangsläufigen – Reduktion ging etliches an Vielgestaltigkeit, Vernetzung und Farbe verloren. Das Ergebnis ist das „Nominierungs-Dossier" der Stadt Augsburg, das am 6. Juli 2019 das UNESCO-Welterbekomitee überzeugte. Augsburg ist nun Welterbestadt und stolz auf diesen Titel.

Jetzt schreibt Martin Kluger wieder ein Buch über das „Welterbe Wasser". Er bringt die Verzweigungen, Verflechtungen, Hintergründe, Nebensächlichkeiten des Themas „Wasser als Welterbe" bis hin zum Pittoresken wieder und neu auf den Tisch. Dieses Buch entfaltet die Kulturgeschichte hinter dem „Wassermanagement-System". Das Buch wurde wohl auch in der Absicht verfasst, die vielen Reduktionen und Vereinfachungen, die mit dem vorgeschriebenen Bewerbungsverfahren verbunden sind, aufzufangen. Martin Kluger will wohl dem vorbeugen, dass der Welterbetitel noch weiter verkürzt wird und am Ende nur noch dem Stadtmarketing oder dem Tourismus als „Werbefigur" dient.

Die UNESCO aber legt Wert auf den Bildungsauftrag, der mit einem Welterbetitel verbunden ist. Das neue Buch von Kluger ist für die Nachdenklichen und die an Bildung Interessierten geschrieben.

Es ist ein Gegenpol zur „Wisch-und-Weg-Epoche".

Das „Augsburger Wassermanagement-System“ – das erste UNESCO-Welterbe im bayerischen Schwaben

Vom Glück, Wasser zu haben und Welterbe zu sein

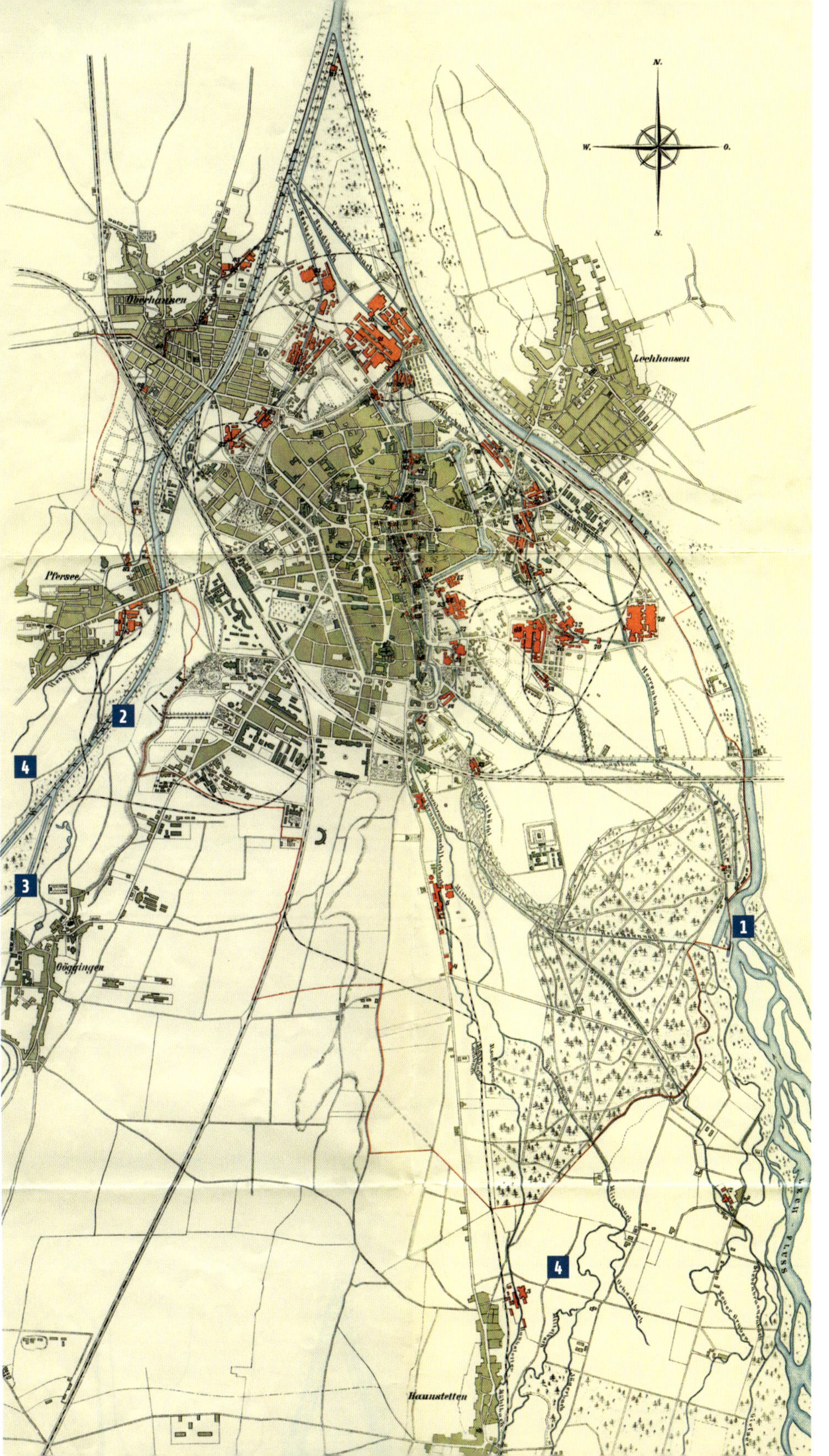

Die Augsburger Wasserwirtschaft und ihre zwei Kanalsysteme

Eine 1905 gedruckte Karte mit dem Titel „Das ganze Wassergebiet von Augsburg mit den einzelnen Triebwerken nach dem heutigen Stand" zeigt den damaligen Verlauf der Flüsse, Bäche und Kanäle innerhalb der seinerzeit gültigen Stadtgrenzen. Die Fabriken und Kraftwerke in den Industriearealen sind rot markiert. Sie nutzten das Treibwasser der voneinander unabhängigen Kanalsysteme von Lech und Wertach.

1 Lech Aus diesem Fluss wird die Hauptmenge des Kanalwassers ausgestaut. Das Lechkanalsystem ist heute 76,8 km lang. Der Lech speist auch den 17,8 km langen Nördlichen Lechkanal. (Sein ab 1898 gegrabener erster Kanalabschnitt ist nicht abgebildet, weil er nördlich des Stadtgebiets liegt.)

2 Wertach Dieser Fluss spielte für die Industrialisierung der heutigen Stadtteile Göggingen, Pfersee und Oberhausen eine große Rolle. Seit 1590 befüllte Wasser der Wertach den trockengefallenen Oberlauf der Singold, den Senkelbach. Das Kanalsystem der Wertach ist heute 11,8 km lang. (1905 war der Wertachkanal noch nicht gegraben.)

3 Singold Seit 1588 mündete die Singold in die Wertach. Die in Göggingen auf wenigen Kilometern kanalisierte Singold ergänzt das Kanalsystem der Wertach. Erst seit 1885 mündet die Singold im Fabrikkanal.

4 Quellbäche Beinahe 30 Bäche am Lech (Länge 46,3 km) und an der Wertach (Länge 21,1 km) im Stadtgebiet speisen jeweils Wasser in eines der Kanalsysteme ein.

Wasser war das „Erdöl des Mittelalters" – von der Wasserkraftnutzung, Wasserversorgung und Flößerei

Vom Nutzen des Wasserreichtums

Was das Wasser wert war in vorindustriellen Zeiten, wie man es nutzte und verteilte, sieht man heute noch im Oberallgäu. An Treibwasserkanälen, gespeist von der Ostrach im Bad Hindelanger Ortsteil Bad Oberdorf, drehen sich die Wasserräder einer früheren Sägemühle und dreier Hammerschmieden. Diese Hammerschmieden stammen im Kern aus dem 15. Jahrhundert, als in den Bergen Eisenerz abgebaut wurde: Die Fugger ließen dort Spieße für den Kaiser fertigen. Wer die Wasserkraft nutzte, konnte Metalle hämmern, schleifen, polieren, Holz sägen, Loden und Papier stampfen. Auch in Augsburg standen solche vorindustriellen Maschinen an den Kanälen: Dort wurden sie im 19. und 20. Jahrhundert von neueren Techniken der Fabrikschlösser verdrängt. Während man in Bad Hindelang sieht, was früher Augsburg prägte, zeigt die archaische Wasserversorgungstechnik des Allgäuer Dorfes Faistenoy etwas, was am Lech nie machbar war: Eine Gefälleleitung und Wassersäulen versorgen den Ort wohl seit dem 14. Jahrhundert mit Wasser aus höher gelegenen Quellen. Die Vorzüge von Gefälleleitungen sieht man auch nördlich von Augsburg im Ries: Dort fließt das Wasser im Dooskanal in die tiefer gelegene Stadt Monheim.

Dass Wasser nicht nur als Trink- und Treibwasser, sondern – gerade in Augsburg – auch als Transportweg wichtig war, zeigen die Spuren der Flößerei im Lechtal und in der Welterbestadt. Denn auch Lech und Wertach, Lechkanäle und Wertachkanäle waren noch bis zu Beginn des 20. Jahrhunderts Verkehrsadern der einst bedeutenden Flößerei.

Zwei Wasserräder drehen sich im Treibwasserkanal vor einer Hammerschmiede im Allgäu: So muss man sich auch die frühe Wasserkraftnutzung an Augsburger Kanälen vorstellen.

Wer erfahren will, wie Augsburgs Handwerker die Wasserkraft seit dem Mittelalter nutzten, findet eine „Blaupause“ im Oberallgäu. Aus der Ostrach, einem Zufluss der Iller, wird das Wasser vom Berg in Kanäle ausgestaut: Drei „Hammerschmitten“ in Bad Hindelang werden so mit Treibwasser versorgt. Wasserkraft bewegt riesige Eisenhämmer, Schleifsteine und Blasebälge. In solchen Hammerwerken kann man nachvollziehen, wie vor 500 Jahren an Lechkanälen im Lechviertel Metall verarbeitet wurde. Ein Wasserrad dreht sich auch vor der

Fassade der Unteren Hammerschmiede in Bad Oberdorf. Ihre Radschaufeln sind – wie beim Wasserrad an der Oberen Mühle (von 1503 bis 1968 ein Sägewerk) – aus Holz gefertigt. Auch an den so wasserreichen Augsburger Kanälen hämmerten, sägten, schliffen und stampften wasserradgetriebene vorindustrielle Maschinen bis weit in das 19. Jahrhundert. Dann setzten sich Wasserturbinen durch, Fabriken verdrängten althergebrachte Techniken. Die Wasserräder und „Wasserkraftmaschinen" von Bad Hindelang sind längst weit und breit einmalig.

Was Augsburg niemals nutzen konnte, war eine Gefälleleitung. Die Vorteile hoch gelegener Trinkwasserquellen zeigt das Denkmal der im Kern mittelalterlichen Wasserversorgungstechnik im Oberallgäuer Dorf Faistenoy. In der Literatur werden die unterirdische Gefälleleitung dieses Dorfes und seine Stockbrunnen schon mal als „tausendjährig" bezeichnet. Wahrscheinlicher ist es, dass diese (Ver-)Teilsäulen, die früher aus hölzernen Röhren bestanden, seit dem Ende des 14. Jahrhunderts aus hölzernen Leitungen – Deicheln – gespeist wurden. Das Wasser fließt aus den circa drei Meter hohen durchbohrten Stöcken in einen Brunnentrog. Diese Stockbrunnen sind mit einem Verteilerkasten versehen, von dem aus Anschlussleitungen das Wasser gerecht an die Höfe abgeben. Nach 1900 hat man Deicheln und Röhren in den Säulen durch gusseiserne Rohre ersetzt. Ein derart einfaches System war in Augsburg nicht machbar: Dort musste Trinkwasser maschinell gehoben werden. Eines war jedoch hier wie dort das Gleiche: Man nutzte jeweils das Prinzip kommunizierender Röhren.

Die Vorteile einer Gefälleleitung, die Augsburg wegen seiner Lage zwischen zwei Flusstälern niemals nutzen konnte, zeigt besonders eindrucksvoll die historische Wasserversorgung von Wemding. Bei einer hoch über der Stadt im Ries gelegenen Quelle mit einer Schüttung von rund 20 Litern pro Sekunde beginnt dieses Technikdenkmal der Trink- und Brauchwasserversorgung der Frühen Neuzeit. Die im Wald gelegene Doosquelle speist den Doosweiher, für den ein 49 Meter langer Staudamm aufgeschüttet wurde. Von dort strömt das Wasser im bis 1537 gegrabenen Dooskanal mehr als einen Kilometer weit in die Stadt. Das Wasser höher liegender Quellen speist in der Wemdinger Wallfahrtskirche Maria Brünnlein auch einen barocken Brunnenaltar. Die Augsburger Topografie war dagegen so beschaffen, dass die Häuser, Straßen und Plätze dieser Stadt auf einer Hochterrasse weit über allen wasserführenden Schichten lag. Doch dieser Nachteil erwies sich seit dem 15. Jahrhundert sogar als Segen, weil Augsburg gerade deshalb zu einem Zentrum hydrotechnischen Know-hows wurde.

Ein für Augsburg nicht zu unterschätzender Wirtschaftsfaktor war die Flößerei auf dem Lech, auf der Wertach und – nördlich der Stadt bis Budapest und ans Schwarze Meer – auf der Donau. Schon die Römer hatten Steine für ihre Bauten über den Lech – flussabwärts von den Alpen, flussaufwärts von der Schwäbischen und Fränkischen Alb – transportiert. Von der Bedeutung der Lechflößerei zeugen Fassadenmalereien im Flößerdorf Lechbruck, aber auch „Flößerstraßen" in Apfeldorf und in Bruck bei Marxheim, wo der Lech in die Donau mündet.

Jährlich hunderte von Flößen brachten Waren, Passagiere und Vieh nach Augsburg oder von dort aus – teils fahrplanmäßig – in Richtung Donau. Am Floßhafen beim Hochablass legten Flöße an oder ab. Eine steinerne Figur an der Westseite des Hochablasswehrs erinnert mit dem Flößerbeil und Tauen an die Flößerei, die erst mit dem Eisenbahnzeitalter endete. Noch bis 1907 wurden die Wasserkraftwerke über dem Nördlichen Lechkanal mit Floßschleusen ausgestattet. Ein Lechfloß hat man vor dem Lechmuseum Bayern in Langweid aufgestellt.

Neptun, Brunnennymphen und Delfine: die Stadt vor den Alpen und das Erbe der römischen Antike

Vom Gott des Wassers: das Wasser und die Römer

„Schon die Römer, die Augsburg vor zwei Jahrtausenden als Augusta Vindelicum gründeten, leiteten über viele Kilometer Wasser in die Stadt." Das meldete zum Beispiel das ZDF, als das Welterbekomitee am 6. Juli 2019 Augsburgs Bewerbung als UNESCO-Welterbe positiv beschied. Eine „Nachrichtenente", verursacht von missverständlichen Werbebroschüren und Pressemeldungen. Denn mit Römern hat das Welterbe „Augsburger Wassermanagement-System" gar nichts zu tun. Die Römer leiteten ab etwa 20 nach Christus Brauchwasser aus einem Flussanstich an der Singold in einem einzigen, etwa acht Meter breiten Graben rund 35 Kilometer weit über das Lechfeld in ihre Zivilsiedlung Augusta Vindelicum. Doch von diesem Wassergraben sind nur noch – weit südlich von Augsburg – Bodenvertiefungen zu finden, Grabungen haben den Verlauf im Stadtgebiet belegt. In Augsburg gibt es keine römischen Denkmäler der Wasserversorgung, schon gar nicht in Form von Aquädukten, Relikten von Thermen oder auch nur Kanälen.

Doch es waren Römer, die nach einem verheerenden Hochwasser ihr Militärlager vom Mündungsdreieck des Lechs und der Wertach auf die Hochterrasse zwischen den Flüssen verlegten: Das war der Grund dafür, dass ab 1414 Trinkwasser maschinell in das hoch über den wasserführenden Schichten erbaute Augsburg gehoben wurde. Und mit der italienischen Renaissance kam von der Antike inspirierte Kunst nach Augsburg. Wo Augsburg das Wasser feierte, war der römische Wassergott Neptun nicht weit. Aus Geröll am Lech und an der Wertach barg man römische Kunst, und sogar Relikte eines Hafens wurden ergraben.

Wirkt wie Renaissance, ist aber viel jünger: Wassergott Neptun ziert seit etwa 1890 den Grottenbrunnen der Gögginger „Hessingburg".

Als man 1913 in einer Kiesgrube nahe der Wertach die Überreste eines vom Hochwasser zerstörten Militärlagers der Römer barg, kamen rund 10 000 Gegenstände zutage. Die Metallfunde fuhr man wagenweise als Schrott ab. Im Kies von Lech und Wertach überdauerten auch andere bedeutende Augsburger Funde aus der Römerzeit. Der ebenfalls bei einem Hochwasser verschüttete Lechhafen der Augusta Vindelicum wurde 1994 unterhalb der Lechhangkante ergraben. 178 nach Christus waren Bäume für die Bohlen und Pfähle in dem Flusshafen gefällt worden: Die hölzernen Relikte sind in der Toskanischen Säulenhalle des Zeughauses zu besichtigen. Im Lechkies fand man auch die vergoldete Bronzestatuette des Genius Populi Romani, des Schutzgeistes des römischen Volkes. Am Ufer der Wertach entdeckte man 1789 einen lebensgroßen vergoldeten Pferdekopf aus Bronze – vermutlich ein Bruchstück von einem Reiterstandbild, das Mitte des 2. Jahrhunderts aufgestellt wurde.

Kurz vor 1600 griff Augsburg – im Wettbewerb mit München und als politische Demonstration gegenüber dem angrenzenden Herzogtum Baiern – auf sein römisches Erbe zurück. Mit der bronzenen Figur des Kaisers Augustus auf dem Pfeiler des Augustusbrunnens reagierte die Reichsstadt auf die These des bayerischen Chronisten Aventin, die Augusta Vindelicum habe östlich des Lechs – in Bayern – gelegen. Figuren zweier Nymphen und ein Gemälde der römischen Stadtgöttin Augusta mit Verkörperungen der Hauptgewässer und des jungen, da kurz zuvor entstandenen Senkelbachs feierten um 1610 am Nordportal des Goldenen Saals im Rathaus den Wasserreichtum der Stadt.

Meeresmischwesen – Tritonen und Nymphen –, vor allem aber der Wassergott Neptun waren Motive, auf die man im weit von allen Meeren entfernten Augsburg immer wieder zurückgriff. Als Stadtwerkmeister Elias Holl um 1625 für ein Fuggerhaus einen Wasserkasten vor einer Arkadenwand errichtete, ließ man den Einlaufhahn aus dem Mund eines Neptunreliefs ragen. Die Attribute Dreizack und Ruder, Fisch und Frosch kennzeichnen den Wassergott. Gott Neptun auf einem Delfin sowie die schaumgeborene Venus mit einer Muschel, von Seehunden und Delfinen begleitet, waren auf Reliefs gusseiserner Wasserkästen noch bis ins 19. Jahrhundert ein überaus gängiges Sujet.

Der Neptunbrunnen bei der Fuggerei ist der unterschätzteste Brunnen Augsburgs. Dass die um 1530 von einem Unbekannten geschaffene Bronzefigur des Wassergottes wohl zuerst im Garten eines Fuggers stand, hat zwei Gründe: Das Motiv des nackten heidnischen Gottes war eine Neuerung, die man dem „Volk" und der Geistlichkeit nicht zumuten wollte. Der Guss einer nahezu lebensgroßen Bronzefigur war aber auch technologisch ein Quantensprung. Wer in Augsburg auf sich hielt, zeigte später durch die Darstellung Neptuns Weltläufigkeit und Bildung: Um 1706 entstand der Wasserschütter im barocken Deckenfresko des heutigen Maximilianmuseums, um 1767 der Meergott im Deckenfresko des Schaezlerpalais.

Auch das Zeitalter des Rokokos, damals sogar als „Augsburger Geschmack" verunglimpft, griff das Motiv des Wassers in der Gestalt von Wasserschüttern immer wieder auf. Als der Augsburger Akademiedirektor Johann Georg Bergmüller 1752 das Treppenhaus der fürstbischöflichen Residenz am Fronhof ausmalte, zeigten drei Personifikationen des wasserschüttenden Vater Lechs, der Wertach und der Donau den Machtbereich, aber auch Wasserrechte des Hochstifts an. Ein besonders kraftvoller Wasserschütter – vielleicht der Indus – findet sich im (wohl von Gregorio Guglielmi gemalten) Deckenfresko im Schaezlerpalais.

Motive aus der Antike prägten im Zeitalter der Renaissance auch Augsburgs Brunnenfiguren. Mit der Figur des Götterboten Merkur huldigte die Reichsstadt (wie schon zuvor mit der Figur des Stadtgründers Augustus) den Kaisern des Hauses Habsburg. Bildung um 1600 verlangte die Kenntnis antiker Sujets: Für Figuren dreier gänsewürgender Knaben am Herkulesbrunnen griff man auf ein Werk des griechischen Bildhauers Boethos von Kalchedon zurück. Sogar die Kunst am Bau in der Zeit nach 1945 nahm antikisierende Motive auf: Ein Fassadenrelief zeigt Vater Lech mit dem Floßruder, aber zeitgemäß mit einem Strommast im Hintergrund.

Das Wasser hat Augsburg stets beschäftigt – der Stadtheilige zeigt die Wertschätzung und die Ängste

Vom Wasser der Brunnen und von Wassergefahren

Was die große Masse der Menschen vor Jahrhunderten bewegte und beschäftigte, erkennen wir heute an ihren Märchen und Sagen, an ihren Heiligenlegenden und auch an ihren Kirchen. Dass das Wasser für die Stadt Augsburg schon immer eine herausragende Bedeutung hatte, zeigt sich auch daran, dass der prominenteste während des Mittelalters Heiliggesprochene der Region – der Augsburger Bischof, Orts- und Bistumsheilige Ulrich – vielfach mit Wasser in Verbindung gebracht wurde. Ulrich galt als Schutzheiliger bei Hochwasser. Nach Ulrich wurden Brücken benannt. Wasser aus Ulrichsbrunnen sollte Augenleiden lindern. Fischer verehrten Ulrich als „Branchenheiligen".

Es war ein „Wasserwunder" an der Wertach (weitere Mirakel sollen sich auch an der Donau, am Rhein und am norditalienischen Fluss Taro zugetragen haben), und es war unter anderem ein „Fischwunder", das dem Augsburger Bischof den Ruf der Heiligmäßigkeit eintrug. Gut möglich, dass die Legende um einen Fisch erst entstand, als Bischof Ulrich bereits in vielen Kirchen im Lechtal und Donautal dargestellt wurde – außer mit seinen Attributen Bischofsstab und Bibel auch mit einem Fisch als ständigem und wohl markantestem Attribut. Denn dieser Fisch steht nicht nur für eine Fastenspeise, vielmehr verkörpert er das Wasser. Ab der Zeit um 1400 wurde Ulrich mit dem Fisch in der Hand dargestellt. Spätere Heiligenfiguren zeigen diesen Schutzpatron vor Wassergefahren, Brunnenpatron und Patron der Fischer mit dem Fisch auf dem Buchdeckel der Heiligen Schrift.

An der Steinfigur des Bischofs und Wasserpatrons Ulrich am Nordportal des Augsburger Doms tauchte erstmals ein Fisch als Attribut auf – dieser Fisch verkörperte das Wasser.

Die vermutlich früheste Darstellung des heiligen Ulrich mit dem Fisch – damals noch in der Hand und nicht auf dem Buch – entstand in der Mitte des 14. Jahrhunderts mit einer der Figuren am gotischen Nordportal des Augsburger Doms. Die erste gemalte Abbildung des Heiligen mit dem Fisch in der Hand könnte jenes Fresko sein, das um 1400 auf die Wand einer Chorturmkirche von Hainhofen – einem Dorf im Schmuttertal – gemalt wurde. Auch auf der Rückwand des 1607 aufgestellten Ulrichsaltars in St. Ulrich und Afra in Augsburg ist der Heilige mit seinem Fisch in der Hand dargestellt. Ab dem Barock gingen Maler und Bildhauer mehr und mehr dazu

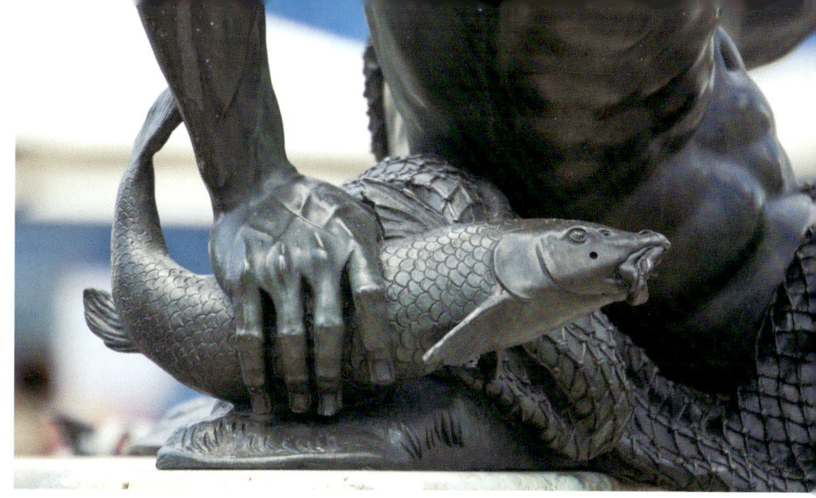

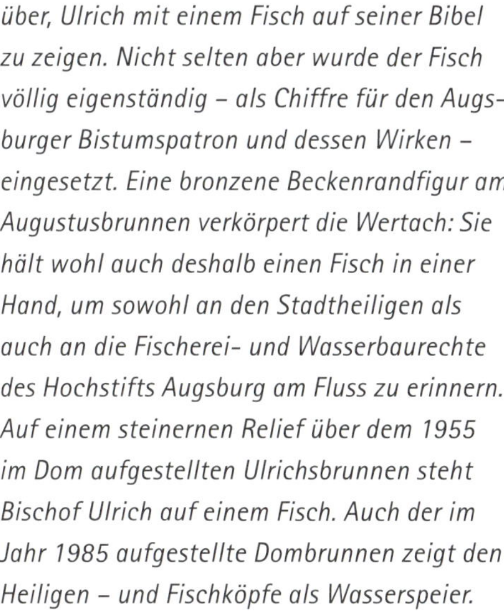

über, Ulrich mit einem Fisch auf seiner Bibel zu zeigen. Nicht selten aber wurde der Fisch völlig eigenständig – als Chiffre für den Augsburger Bistumspatron und dessen Wirken – eingesetzt. Eine bronzene Beckenrandfigur am Augustusbrunnen verkörpert die Wertach: Sie hält wohl auch deshalb einen Fisch in einer Hand, um sowohl an den Stadtheiligen als auch an die Fischerei- und Wasserbaurechte des Hochstifts Augsburg am Fluss zu erinnern. Auf einem steinernen Relief über dem 1955 im Dom aufgestellten Ulrichsbrunnen steht Bischof Ulrich auf einem Fisch. Auch der im Jahr 1985 aufgestellte Dombrunnen zeigt den Heiligen – und Fischköpfe als Wasserspeier.

Von den Gipfeln im Lechquellengebirge und den bayerischen Alpen in die Welterbestadt

Vom Weg des Wassers in die Augsburger Kanäle

Das Wasser im Aderngeflecht der Kanäle des UNESCO-Welterbes stammt auch aus der Wertach, der Singold und den Brunnenbächen im Stadtwald Augsburg. Den weitaus größeren Teil des Treibwassers, das durch das insgesamt ungefähr 160 Kilometer lange Kanalsystem in Augsburg fließt, liefert der Lech. Und auch für den 17,8 Kilometer langen Nördlichen Lechkanal im Landkreis Augsburg wird kurz nach der Stadtgrenze Wasser aus dem Lech ausgestaut. Der Lech ist seit jeher – im Guten wie im Schlechten – Augsburgs „Schicksalsfluss".

Vom Vorarlberger Lechquellengebirge bis zur Mündung in die Donau überwindet dieser Fluss fast 1500 Höhenmeter. Rund ein Drittel seines circa 260 Kilometer langen Wegs liegt in Vorarlberg und Tirol. Dieser Flussabschnitt heißt Oberer Lech. Bis Warth wird der Fluss auch der Oberste Lech oder Vorarlberger Lech genannt. Zwei Drittel des Lechs durchziehen Bayern, und ungefähr 400 Höhenmeter liegen zwischen Füssen und der Mündung. Die bayerische Strecke bis zur Donau hieß früher Unterer Lech. Seit den 1930er Jahren ist für die Fließstrecke zwischen Füssen und Hohenfurch der Begriff Mittlerer Lech üblich. Parallel spricht man vom Alpinen Lech (Oberer Lech), vom Moränenlech (Mittlerer Lech), vom Terrassenlech (der Untere Lech bis kurz nach Landsberg) sowie vom Alluvionslech (der restliche Weg bis zur Mündung). Der Lech ist der drittgrößte bayerische Nebenfluss der Donau, gemessen an der Wassermenge der zweitgrößte nach der Isar. Zum Wasserreichtum dieses Alpenflusses tragen 57 Zuflüsse erster Ordnung bei – 29 in Österreich und 28 in Bayern.

Bei Niedrigwasser wirkt der Lech harmlos: Doch die Hochwassser dieses Gebirgsflusses waren früher äußerst gefürchtet.

Lech
1555 m

Der Lech hat keine eindeutige Quelle: Er entspringt auf einer Höhe von rund 1880 Metern Quellbächen im Lechquellengebirge. Der Gebirgsbach heißt erst ab dem Zusammenfluss von Formarinbach und Spullerbach auf einer Höhe von 1610 Metern „Lech". Dieser Fluss entwässert ein Einzugsgebiet von rund 4000 Quadratkilometern – mit 2634 Höhenmetern Gefälle zwischen Vorarlberg und der Mündung in die Donau. Die Parseierspitze (3026 Meter) ist der höchste Punkt. Die Mündung des Lechs bei Marxheim liegt bei 392 Höhenmetern.

Wie der Lech vor den Flusskorrektionen – vor seiner Begradigung, der Verengung seiner Ufer durch Dämme und vor dem Bau von mehr als 20 bayerischen Staustufen – aussah, erlebt man bei Forchach im „Naturpark Wildflusslandschaft Tiroler Lech". Dieser Abschnitt des Lechs ist die letzte natürliche Flusslandschaft Mitteleuropas. Den österreichischen Teil des Lechs nennt man deshalb den „letzten Wilden der nördlichen Alpen". Die letzte Flussstrecke Bayerns mit natürlicher Überschwemmungs- und Geschiebedynamik endet knapp einen

Kilometer nach der Staatsgrenze bei der Füssener Lechschlucht. Bei Füssen entstand ab 1951 der Forggensee als Speicher für das Wasserkraftwerk Roßhaupten. Damit beginnt eine seit 1940 ausgebaute Kraftwerkstreppe, die diesen Gebirgsfluss zu einer Stauseenkette werden ließ. 1852 hatte die Regulierung des Lechs nördlich und 1863 südlich von Augsburg begonnen. Als letzte kurze naturnahe Strecke am Mittleren Lech ist das Naturschutzgebiet an der Litzauer Schleife erhalten. Der Lech kurz vor Augsburg wurde bis 1928 begradigt.

Augsburgs zweitgrößter Fluss – die Wertach – entspringt in den Oberallgäuer Alpen bei Bad Hindelang. Nach 142 Kilometern mündet die Wertach nördlich der Augsburger Altstadt in den Lech. Für die Augsburger Wasserwirtschaft wurde der Gebirgsfluss im Westen von Augsburg sehr viel später als der Lech – erst ab 1590 – relevant, als Wertachwasser in das 1588 durch ein Hochwasserereignis trockengefallene einstige Flussbett der Singold ausgestaut wurde: Der Senkelbach fließt im alten Bett der Singold. Die (anders als die reißenden

Gebirgsflüsse Lech und Wertach) beherrschbare Singold war Augsburgs einziger natürlicher Mühlenfluss. Die Singold, die 50 Kilometer südlich von Augsburg im Unterallgäu entspringt, floss bis 1588 parallel zur Wertach vor der Stadtmauer und mündete in den Lech. Treibwasser aus dem Lech wurde vom Hochablass und von bis zu sechs weiteren Flussanstichen in die Lechkanäle gelenkt: Weit südlich der Stadt speist ein Anstich den Lochbach. Trinkwasser aus Quellen im heutigen Stadtwald leitete der Brunnenbach nach Augsburg.

Die Kanallandschaft an Lech und Wertach besteht aus zwei voneinander unabhängigen Systemen

Vom Wasserbau: Kanäle, Schleusen und Wehre

Am Aderngeflecht der Augsburger Kanäle liegen – abgesehen von den Monumentalbrunnen – alle Denkmäler des UNESCO-Welterbes „Augsburger Wassermanagement-System". Rund 160 Kilometer lang ist das innerstädtische, vom Treibwasser aus dem Lech und aus der Wertach, von der Singold und von Quellbächen gespeiste Netz dieser Gewässer. Die Augsburger Kanallandschaft besteht aus zwei voneinander völlig unabhängigen Systemen: Rund 77 Kilometer lang ist das System der Lechkanäle, ergänzt um 46 Kilometer Bäche am Lech. Ihr gesamtes Wasser strömt im Norden der Stadt auf der Wolfzahnau im Vereinigten Stadt- und Proviantbach zusammen: Dieser mächtige, flussähnliche Industriekanal mündet dort kurz nach dem Wasserkraftwerk auf der Wolfzahnau in den Lech. Kurz vor dieser Stelle ist der Senkelbach in der Wertach aufgegangen, womit das zweite System – das der knapp zwölf Kilometer langen Wertachkanäle, der rund 21 Kilometer langen Bäche an der Wertach sowie der – in Göggingen auf knapp zwei Kilometern kanalisierten – Singold endet. Addiert man die Flussstrecken von Lech, Wertach und Singold hinzu, wird Augsburg von Wasserläufen mit einer Gesamtlänge von fast 200 Kilometern durchzogen. Das Kanalsystem am Lech wurde nördlich der Stadtgrenze bis 1922 durch den fast 18 Kilometer langen Nördlichen Lechkanal erweitert.

Seit 1276 sind die ersten – freilich viel älteren – Augsburger Kanäle schriftlich belegt. Kanäle waren zunächst jedoch nichts Besonderes: Kanäle nutzte jede europäische Stadt, die an einem Fluss lag. Vorbildhaft war allerdings, was die Augsburger aus ihren Kanälen machten.

Die mannbetriebene hölzerne „Muskelkraftmaschine" der Pulvermühlschleuse regelte die Wassermenge im Hauptstadtbach.

Seit wann Wasser aus dem Lech ausgestaut wird, um wasserradgetriebene Maschinen zu nutzen, ist nicht überliefert. Nicht einmal die Standorte früher Lechstauwehre sind bekannt. Gesichert ist aber, dass die Streichwehre, mit denen die Augsburger bis 1910 Flusswasser in die Lechkanäle ausstauten, mit der 1911/12 erbauten mächtigen Stahlbetonkonstruktion im Lech wenig zu tun haben. 1910 riss ein Jahrhunderthochwasser das letzte Stauwehr in der jahrhundertelang bewährten Bauweise weg: Bis dahin hatten die nur wenig mehr als einen Meter hohen Streichwehre aus Holzkästen bestanden, die man mit Steinen füllte. Den Abfluss des Überwassers regelten hölzer-

ne Fallen. Immer wieder wurden diese Wehre von den Hochwassern zerstört, immer wieder wurde der „Hohe Ablass" neu erbaut. Seit 1595 lenkte man Lechwasser durch zwei Flussanstiche in Richtung Stadt, um Wassermangel vorzubeugen. Aber auch das hat sich 1912 geändert: Nur noch der Hauptstadtbach nimmt Wasser auf, das Stauwehr und die Schleusentechnik regulieren die Wassermengen. Nach nur wenigen Metern gibt der Hauptstadtbach einen Teil seines Wassers an den Neubach ab, der das frühere Wasserwerk am Hochablass mit Wasserkraft beliefert. Und ein anderer Teil strömt in den Eiskanal, die Kanuslalomstrecke der olympischen Sommerspiele von 1972.

Mit den Kanälen Venedigs, Amsterdams oder Straßburgs können sich die Augsburger Lechkanäle nicht vergleichen. Dennoch taugen die vier Kanäle im östlichen Ulrichsviertel und im Lechviertel – der Schwallech, der Vordere Lech, der Mittlere Lech und der Hintere Lech – durchaus als touristische Attraktionen. Von Süden nach Norden durchziehen diese Treibwasserkanäle mit einer Länge von insgesamt mehr als drei Kilometern diese so idyllischen Handwerkerquartiere. Doch mit Idylle hatten diese Kanäle ursprünglich wenig zu tun: Sie trieben bis ins 19. Jahrhundert Wasserräder und bis ins 20. Jahrhundert Turbinen wasserkraftgetriebener Maschinen an. An diesen

Kanälen lagen nicht nur die Mahlwerke von etlichen Getreidemühlen. Alles, was mit vorindustriellen Maschinen gemahlen, gesägt, geschliffen, gehämmert, gestampft, geschnitten und poliert werden konnte, wurde mit Wasserkraft angetrieben. Die Wasserräder des Handwerks drehten sich in nur geringem Abstand voneinander. Die Reichsstadt verbot deshalb, Abfälle und Fäkalien in Kanälen zu entsorgen. Beim Kloster St. Ursula teilt sich der Schwallech in den Mittleren und den Hinteren Lech. Unter einem Steg beim Brechthaus fließen der Mittlere und der Hintere Lech zusammen. Die Lechkanäle im Ulrichs- und Lechviertel zählen zu den 22 Denkmälern der Welterbestätte.

Augsburgs Wasser wurde nicht nur vielfältig genutzt, es diente zugleich dem Schutz der Reichsstadt. Unterhalb der Bastion am Roten Tor erstreckt sich einer der sehenswertesten Abschnitte der noch weitgehend erhaltenen östlichen Stadtmauer. Spazierwege begleiten den Lauf des südlichen Stadtgrabens, nördlich der Bastion fließt der überwiegend von Quellwasser aus dem heutigen Stadtwald gespeiste Graben am 1985 angelegten humanistischen Kräutergarten beim Rabenbad vorbei. Die weitläufigen Grünanlagen um die Bastion täuschen allerdings darüber hinweg, dass die historische Situation eine ganz andere, sehr viel wasserreichere war. Wo sich heute der

südliche Stadtgraben bis zum Wasserwerk am Vogeltor zieht, lag noch im 19. Jahrhundert eine ausgedehnte Wasserfläche. Dieser Wehrgraben diente auch als Treibwasserkanal: Er trieb zum Beispiel ab 1414 das Wasserrad des ersten Augsburger Wasserwerks im Schwibbogentor an. Von diesem Wasserwerk ist nichts mehr erhalten, da dieser Abschnitt der Stadtbefestigung um 1860 abgetragen wurde. Das Streichwehr beim Vogeltor teilt den südlichen Stadtgraben in den Inneren und den Äußeren Stadtgraben. Derart rein war das Wasser im Inneren Stadtgraben, dass im Fischgraben bei der Barfüßerkirche in Reusen und Körben gehaltene Fische und Krebse verkauft wurden.

Bis zum Jakobertor musste auch die einstmals viel breitere Wasserfläche des Äußeren Stadtgrabens ausgedehnten Grünanlagen weichen. Erst kurz vor dem Stadttor erreicht der Wehrgraben wieder seine einstige Breite. Westlich des gotischen Torturms beginnt der schönste Abschnitt des ab da in voller Breite erhaltenen Äußeren Stadtgrabens. Hier stand der 1944 zerstörte Obere St.-Jakobs-Wasserturm. Die Stadtmauer entlang des Wehrgrabens wurde zwar auch dort abgetragen, doch der Fünfgratturm, der Untere St.-Jakobs-Wasserturm, die Bastion am Oblatterwall, der Oblatterturm und Relikte der Wehrmauer lassen den früheren Verlauf der Stadtbefestigung erkennen. So

wasserreich war der Äußere Stadtgraben, dass man 1901 vor den Mauern der Bastion einen Hafen plante: Ein Schifffahrtskanal sollte von dort aus den Lech mit der Donau verbinden. Kurz nach der Bastion am Oblatterwall, unter der Lechhangkante östlich des Domviertels, vereinen sich der Innere und der Äußere Stadtgraben zum nördlichsten Abschnitt des Wehrgrabens. Er strömt an Stadtmauertürmen und an der Herwartmauer vorbei zur nordöstlichen Ecke der Stadtbefestigung. Wegen der Wasserkraft am Ende des Stadtgrabens siedelten sich dort 1816 zunächst die Papierfabrik von Georg Haindl (heute UPM-Kymmene) sowie 1840 die Sander'sche Maschinenfabrik (heute MAN) an.

Die Techniken des Wasserbaus, die sich mit den Lechkanälen im östlichen Ulrichsviertel und im Lechviertel verbinden, fallen nicht unbedingt auf den ersten Blick ins Auge – auch deshalb, weil sich ein nicht geringer Teil des Treibwassersystems in unterirdischen Kanälen verbirgt. Das Gewölbe eines unterflur fließenden Kanals entdeckt man im Wasserwerk am Roten Tor, wo heute Lochbachwasser über ein Aquädukt in die Handwerkeraltstadt strömt. Die Stadtmetzg ließ Stadtwerkmeister Elias Holl bis 1609 über dem dafür neu gegrabenen Kanalbett des Vorderen Lechs errichten: Sein Wasser kühlte die Fleischbänke der Metzger, es diente der Entsorgung von Blut und (weniger)

Schlachtabfälle. Die Stadtmetzg galt als das modernste Schlachthaus Europas und gehört trotz seines längst trockengelegten Kanalgewölbes zu den Denkmälern der Welterbestätte. Technische Denkmäler sind auch die meist unbeachteten, kaum einen Meter hohen Schwellen und Streichwehre – solche Bauten optimierten die Wasserkraft. Kanalkreuzungen wie die gusseiserne Zirbelnussbrücke beim Unteren Wasserwerk waren durchaus üblich: Dort wie anderswo kreuzten sich Kanäle auch in unterirdischen Dükern. Betonierte Kanalwandungen sind eine Innovation der Industriezeit: Auch bei dieser Technik des Wasserbaus waren Augsburger Unternehmen führend.

Dass die Kanäle im Stadtgebiet der Pflege bedürfen, nehmen die Augsburger vor allem an den Tagen der Kanalablässe wahr. Jahr für Jahr werden am Hochablass die Schleusen vor dem Neubach zwei Wochen lang geschlossen: In den Lechkanälen verbleibt dann nur etwas Restwasser. In dieser Zeit werden die Kanäle vom Abfall befreit, der vom Verkehrsschild und vom Fahrrad bis zum Rollstuhl und zum Dixi-Klo reichen kann. In diesen Wochen werden Kanalwandungen inspiziert und ausgebessert. Damit der Aufwand für die Mitarbeiter des Tiefbauamts nicht zu groß wird, werden diese Kanalablässe über das gesamte Jahr verteilt: Das am Hochablass ausgestaute Wasser der

W. Spgl. 2,00m.
Turb.Schw. 3,44m.
Leerf.Schw. 3,81m.
1881

Lechkanäle wird im Oktober abgelassen. Die Schleusen des Lochbachanstichs werden im September geschlossen, die Kanäle mit Wasser aus Wertach und Singold fallen im Frühjahr bis auf das Restwasser trocken. Während die Lokalzeitung über solche Ablässe regelmäßig berichtet, funktionieren schier unverwüstliche Schleusen und Wehre in den Kanälen nahezu unbemerkt. Die Zuteilung des Wassers erfolgt über diese altbewährten Konstruktionen. Ein spektakuläres Technikdenkmal vorindustrieller Kanalnetzbewirtschaftung verbirgt sich im Schleusenhäuschen der Pulvermühlschleuse: Dort ist eine wohl bald nach 1800 konstruierte hölzerne „Muskelkraftmaschine" erhalten.

Das Netz der Kanäle ist in Jahrhunderten gewachsen: Immer wieder wurde dieses System ausgebaut und dadurch die nutzbare Wasserkraft erhöht. Im 19. Jahrhundert und bis in die ersten drei Jahrzehnte des 20. Jahrhunderts stieg in der Industriestadt Augsburg der Bedarf an Wasserkraft ständig an. Östlich der Stadtmauer entstand das Textilviertel, eine Stadt vor der Stadt. Beiderseits der Kanäle wucherten riesige Fabrikschlösser. Vor allem die Textilfabriken, Webereien und Spinnereien sowie große Maschinenbauunternehmen wie die Maschinenfabrik Augsburg prägten nach 1840 mehr und mehr nicht allein den Osten, sondern bald auch den Norden der alten Stadt.

Auch jenseits der seinerzeit gültigen Stadtgrenzen – in den Industriedörfern Pfersee und Oberhausen, Göggingen und Haunstetten, also im Westen, Norden und Süden von Augsburg – nutzten Fabriken zuerst mit hölzernen, später auch mit eisernen Wasserrädern und ab 1840 mehr und mehr mit Turbinen die Wasserkraft zur mechanischen Kraftübertragung auf die Maschinen. Kanäle vor Blankziegelfassaden wurden bald zum vertrauten Bild: Kaum eine Fabrik verzichtete auf die kostengünstige und zuverlässige Wasserkraft. Nur die Spinnerei im Glaspalast setzte auf Dampfmaschinen: Als im Ersten Weltkrieg Kohle knapp wurde, musste die Fabrik als einzige die Produktion stilllegen.

Von der mechanischen Kraftübertragung bis zur Stromversorgung der Augsburger Fabrikschlösser

Von der Wasserkraft: Wasserräder und Turbinen

In der vorindustriellen Zeit war für die Augsburger ausschließlich die Wasserkraft der aus dem Fluss ausgestauten oder von Quellbächen vom Lechfeld gespeisten Lechkanäle durchgängig nutzbar. Von den Mahlwerken etlicher Getreidemühlen bis zu schweren Hammer- und Stampfwerken übertrugen unterschlächtige hölzerne Wasserräder mit geringem Wirkungsgrad die Kraft des Wassers mechanisch auf die Maschinen. Das Flüsschen Singold, das noch bis 1588 parallel zur westlichen Stadtmauer floss, war bis dahin als Mühlenfluss der Stadt bedeutend gewesen. Wasser aus der Wertach kam erst relativ spät ins Spiel: Seit 1590 wurde es in das 1588 trockengefallene Flussbett der Singold ausgestaut. Damit war der heutige Senkelbach entstanden.

Abgelöst wurden die Wasserräder (die man teils noch bis in die Zeit des Zweiten Weltkriegs nutzte) erst – nach und nach – in der Ära der frühen Industrialisierung der Stadt. Nun übertrugen Wasserturbinen die Kraft des Wassers durch die Transmissionen – über Getriebe und Treibriemen beziehungsweise Seilgänge – auf die stetig wachsende Zahl der Maschinen. Weil günstige Wasserkraft überreich vorhanden war, ging das erste stromerzeugende Wasserkraftwerk Augsburgs erst spät – 1902 – auf der Wolfzahnau in Betrieb. Etliche Turbinenhäuser, die im 19. Jahrhundert zum Zweck der mechanischen Kraftübertragung errichtet worden waren, wurden zwischen 1907 und 1923 zu stromerzeugenden Wasserkraftwerken umfunktioniert. Mit Stromversorgung im heutigen Sinne hatten frühe Kraftwerke im Stadtgebiet wenig zu tun: Sie lieferten in der Regel den Strom für eine angrenzende Fabrik.

Das Wasser des Vereinigten Stadt- und Proviantbachs treibt seit 1902 die Turbinen im Wasserkraftwerk auf der Wolfzahnau an.

An den Augsburger Kanälen erzeugen heute circa 40 kleinere Wasserkraftwerke Strom. Von Wasserkraft nutzenden Maschinen aus der Zeit vor der Stromerzeugung ist an, in und über den Kanälen nichts erhalten. Dafür überliefern Augsburgs Archive und Bibliotheken ein breites Wissen über Wesen und Nutzung der Wasserkraft vom Mittelalter bis zur frühen Industriezeit. Nicht zuletzt lassen zahlreiche Miniaturmodelle der weltweit einzigartigen Modellkammer im Maximilianmuseum die kunstvolle Mechanik von Mahlwerken und Wasserhebemaschinen erkennen. Anders als diese hydrotechnischen Modelle in den Formaten 1:12 oder 1:16 ist das Pansterrad

über dem Schwallech zwar ein technisches Denkmal in Originalgröße, das an einst weit mehr als hundert Wasserräder erinnert, doch es ist eine (viel fotografierte) moderne Nachschöpfung. Historische Relikte der Wasserkraftnutzung vor der Stromerzeugung sind – von wasserbaulichen Konstruktionen wie den Wehren und Schwellen abgesehen – die Rad- und Turbinenhäuschen über den Kanälen im Lechviertel. Am Proviantbach stehen die zwei Holl'schen „Lechhütten": Dort trieben Wasserräder das Sägewerk eines reichsstädtischen Bauhofs an. In der Kresslesmühle hat man im Mittelalter Korn gemahlen. Die „mühle" liefert heute kein Mehl mehr, dafür Strom und Kultur.

Direkt neben dem einstigen reichsstädtischen Werkshof – den von Stadtwerkmeister Elias Holl 1611 und 1630 erbauten „Lechhütten" – begann in Augsburg das Turbinenzeitalter. Am 27. August 1840 weihte die Mechanische Spinnerei und Weberei Augsburg (SWA) ihre erste Fabrik ein: Werk I – „Altbau" genannt – war der größte Fabrikkomplex in Bayern. Mit zwei bei der SWA eingesetzten Turbinen begann nicht nur der unaufhaltsame Siegeszug der Turbine. Weil Wasserkraft jetzt effizienter zu nutzen war, wurden nun einige Mühlen sowie weitere traditionelle Werke in Textil- und Maschinenbaufabriken umgewandelt. Werk I der SWA wurde – wie so viele andere Fabrik-

schlösser – 1968 abgerissen. Auch hier ist das Turbinenhaus über dem Proviantbach, in dem heute Strom produziert wird, das letzte Relikt einer großen Vergangenheit. Wie der „Altbau" der SWA ausgesehen hat, zeigt das Staatliche Textil- und Industriemuseum Augsburg (tim) im Textilviertel gleich zweimal: Die Fabrik mit ihrem später erweiterten Turbinenhaus über dem Lechkanal ist auf einer kolorierten Grafik in der Ausstellung abgebildet. Das Baumodell dieser Fabrik samt dem Turbinenhaus (damals noch mit nur drei Fensterachsen) ist in einer großen Vitrine der Dauerausstellung zu sehen. Unmittelbar neben dem Baumodell steht das Miniaturmodell einer der Turbinen von 1840.

Zwei Gewässer und zwei Kraftwerke trieben die Transmissionen der Zwirnerei und Nähfadenfabrik Göggingen (ZNFG) an, die sich 1861 angesiedelt hatte. Das wohl 1880 vor der Ostfassade des Fabrikkomplexes errichtete Turbinenhaus am Singoldkanal nutzt das Treibwasser kurz vor der Mündung der Singold in den Fabrikkanal. Dieser Kanal wurde 1884/85 für ein zweites Turbinenhaus der ZNFG gegraben: Das Treibwasser stammt dort aus einem rechtsseitigen Anstich der Wertach. Auch im Wasserkraftwerk am Fabrikkanal wird längst Strom

erzeugt. Im Inneren dieses Wasserkraftwerks westlich des langgestreckten früheren Fabrikgebäudes erinnert jedoch ein Technikdenkmal noch an die mechanische Kraftübertragung: Dort ist die Königswelle erhalten, welche die Kraft des Treibwasserkanals auf die Seilgänge der benachbarten Textilfabrik übertrug. Auch die Maschinerie für das Einlaufschütz stammt wohl aus der Bauzeit. Wenige hundert Meter südlich der ZNFG wird im 1892 für die Werkstätten der Orthopädischen Heilanstalt von Hofrat Johann Friedrich von Hessing erbauten Turbinenhaus am Singoldkanal Strom erzeugt.

Das erste stromerzeugende Wasserkraftwerk im heutigen Stadtgebiet von Augsburg stand im 1972 eingemeindeten Stadtteil Göggingen. Dort wurde am Singoldkanal – in der Unteren Radaumühle – seit 1895 Strom aus Wasserkraft erzeugt. An dieses kleine Wasserkraftwerk erinnert nur eine Schwelle im Singoldkanal. Mehr ist dort nicht mehr zu entdecken. Das erste Wasserkraftwerk innerhalb der Stadtgrenzen des frühesten 20. Jahrhunderts ging jedoch auf der Wolfzahnau in Betrieb. Als Treibwasserkanal für das 1902 in Betrieb genommene Wasserkraftwerk auf dieser Halbinsel – das ausschließlich die benachbarte, aber längst abgerissene Baumwollspinnerei

am Stadtbach mit Strom versorgte – wurde ab 1901 der Vereinigte Stadt- und Proviantbach gegraben. In dem rund einen Kilometer langen flussähnlichen Kanal fließt alles Wasser aus den Lechkanälen und Stadtgräben zusammen. Der schlossartige Blankziegelbau über diesem letzten und wasserreichsten Lechkanal wurde von dem Stararchitekten Karl Albert Gollwitzer geplant. Seine gelb-rote Backsteinfassade ist für Nutzbauten um 1900 typisch. Im Inneren erzeugt moderne Technik Strom. Der Betreiber hat diesen Bau saniert und die frühere Technik großteils erhalten, darunter den Hochwassermaschinensatz von 1913 mit einem Schwungradgenerator mit fünf Metern Durchmesser.

Auch das Stadtbachkraftwerk wurde von der Baumwollspinnerei am Stadtbach (die seit 1853 bestand und 1874 die größte Spinnerei Deutschlands war) 1907 völlig neu errichtet. Die gelb-rote Blankziegelfassade des Wasserkraftwerks über dem drei Kilometer langen Stadtbach – einem der wasserreichsten Lechkanäle – orientierte sich am nahen Wasserkraftwerk auf der Wolfzahnau, das dieselbe Fabrik seit 1902 mit Strom versorgte. Vor dem Kraftwerk fließt der Stadtbach an den Blankziegelfassaden von Werksgebäuden der vormaligen Maschinenfabrik Augsburg (heute MAN) vorbei. Dieser Kanal markierte hier die Grenze zwischen der Maschinenfabrik und der Baumwollspinnerei, deren Areal bis 1998 die Papierfabrik Haindl (heute UPM-Kymmene) übernahm. Mit einem „Eintrag in das Wasserbuch mit gespannter Wasserkraft" hielt die Stadtgemeinde Augsburg den Istzustand vor 1907 detailliert fest: Das Stadtbachkraftwerk ersetzte die veralteten Turbinenanlagen im 1853 errichteten Turbinenhaus am Altbau der Fabrik und ein 1874 (150 Meter kanalabwärts) an den Shedhallen erbautes Turbinenhaus. Anstelle der nicht mehr benötigten Anlagen zur

mechanischen Kraftübertragung in diesen beiden abgerissenen Gebäuden trieb seit 1907 elektrischer Strom die Maschinen an, den nun zwei Francis-Zwillingsturbinen produzierten. Der Maschinensatz, der von der benachbarten Maschinenfabrik Augsburg konstruiert worden war, wurde erst 2011 durch zwei neue Kaplan-Turbinen ersetzt. Im Inneren dieses Kraftwerks sind der stillgelegte Generator der 2011 ausgetauschten Turbinen, die Marmorschalttafel und Armaturen sowie ein Drehzahlanzeiger von 1907 erhalten. Auch das Schützengetriebe über dem Kanal stammt noch aus der Bauzeit.

Ab 1923 versorgte auch das Proviantbachkraftwerk die Baumwollspinnerei am Stadtbach mit Strom. Dieses ab 1922 errichtete Wasserkraftwerk entstand ebenfalls an einem Kanalabschnitt, wo in einem Turbinenhaus seit 1858 Turbinen die Kraft des Treibwassers mechanisch auf Spinnereimaschinen übertragen hatten. Sogar dieses relativ spät entstandene Wasserkraftwerk hatte also mit der Stromversorgung für das Stadtgebiet nichts zu tun, weil der Magistrat bei der Energieversorgung der Fläche noch immer auf das städtische Gaswerk im Stadtteil Oberhausen

setzte. Was sich geändert hatte: Nach dem Ende des Ersten Weltkriegs gingen Architekten bei der Planung von Nutzbauten neue Wege. Das Bauwerk über dem Proviantbach entstand deshalb mit einer Fassade im Stil der Neuen Sachlichkeit. Waren die nahen Wasserkraftwerke auf der Wolfzahnau und am Stadtbach 20 Jahre beziehungsweise 15 Jahre zuvor noch schlossähnlich errichtet worden, entstand nun ein schnörkelloser Zweckbau. 1923 lieferte die AEG einen mächtigen Schirmglockengenerator. Der Betreiber hat dieses Technikdenkmal im Inneren des Kraftwerks erhalten.

Auch das Kraftwerk Riedinger am Senkelbach erinnert an eine verschwundene Textilfabrik – die Augsburger Buntweberei Ludwig August Riedingers. Anstelle eines älteren Turbinenhauses hatte man 1904/05 einen Neubau erstellt, in dem zwei vertikale Francis-Turbinen die Wasserkraft über einen Riemenantrieb (also noch immer mechanisch) auf Maschinen übertrugen. Erst 1923 wurde der schon beim Einbau veraltete frühere Maschinensatz durch horizontale Francis-Turbinen ersetzt, und erst seitdem wird im Kraftwerk Riedinger Strom erzeugt. Das Innere dieses Wasserkraftwerks beherbergt das mannshohe Generatorenrad des Maschinensatzes von 1923. Der Weg

dorthin führt über die Stufen einer Treppe mit Jugendstilgeländer, deren Höhe den Niveauunterschied zwischen dem Einlaufkanal und dem Auslaufkanal verdeutlicht: Zwischen dem Oberwasser und dem Unterwasser des Kraftwerks liegen 6,4 Meter Gefälle. Das Treibwasser für das Kraftwerk Riedinger stammt (obwohl es nah an der Wolfzahnau und damit nah am Ufer des Lechs liegt) aus der Wertach. Dort wird das Wasser ausgestaut, das kurz vor dem Ende des beinahe zwölf Kilometer langen Kanalsystems der Wertach die Turbinen antreibt. Die heutige Fassade dieses Kraftwerks entstand erst nach 1940: Der Bau wurde beim ersten Luftangriff auf Augsburg teilzerstört.

Die Mündung des Singoldkanals gibt heute den Großteil des Wassers der Singold in den 1884/85 gegrabenen Gögginger Fabrikkanal ab, der überwiegend von einen Flussanstich der Wertach gespeist wird. Der wasserreiche Fabrikkanal mündet wiederum in den ab 1920 gegrabenen Wertachkanal: Dieser jüngste unter den Kanälen Augsburgs verläuft parallel zum Flussmutterbett der Wertach in Richtung des 1911 eingemeindeten Stadtteils Pfersee. Dadurch wurde die Antriebskraft für das bis 1921 erbaute Wasserkraftwerk am Wertachkanal gewonnen. Unter den denkmalgeschützten Wasserkraftwerken im Stadtgebiet von

Augsburg ist das Wertachkraftwerk das zweitjüngste. Ab 1921 gewannen die Turbinen und Generatoren eines städtischen Wasserkraftwerks über dem Kanal Strom für Augsburgs Straßenbahnen. Das Relief eines Greifen mit der Augsburger Zirbelnuss ziert die Fassade. In der lichtdurchfluteten Maschinenhalle erzeugen heute zwei fast originale Maschinensätze von 1921 Strom. Lediglich eine Turbine musste durch eine neue ersetzt werden. Mit der Fertigstellung des Wertachkanals war das Geflecht der Kanäle an Lech und Wertach – von einigen ab 1950 ausgebauten Kanälen im Stadtwald abgesehen – vervollständigt.

Am Nördlichen Lechkanal – außerhalb der Stadt – begann die Versorgung der Region mit Strom

Von großen Kraftwerken am Nördlichen Lechkanal

Als 1898 mit dem Bau des Nördlichen Lechkanals begonnen wurde, war die Stromerzeugung aus Wasserkraft nicht das einzige Ziel dieses ehrgeizigen Projekts. Vielmehr sah der 1892 gegründete „Verein zur Hebung der Fluß- und Kanalschiffahrt in Bayern" in diesem Bauvorhaben die Möglichkeit, entlang des Lechs eine Schifffahrtsstraße von Augsburg bis zur Donau entstehen zu lassen. Nördlich der Augsburger Stadtgrenze wurde deshalb parallel zum Lechmutterbett der Nördliche Lechkanal gegraben und eingedeicht. Rund anderthalb Kilometer nach der Nordspitze der Wolfzahnau setzte man ein 80 Meter breites Wehr mit einem Kanaleinlaufwerk in den Fluss: Lechwasser wird dort in den 28,5 Meter breiten Kanal ausgestaut. Er war zunächst nur vier Kilometer lang und lieferte Treibwasser für das Wasserkraftwerk bei Gersthofen: Dieses Kraftwerk ging 1901 in Betrieb und ist (von einem kleinen, nicht mehr existenten Wasserkraftwerk in Göggingen einmal abgesehen) das erste stromerzeugende Wasserkraftwerk in der Region Augsburg. Der weitgehend im Originalzustand erhaltene Lechkanal ist längst ein industriearchäologisches Denkmal: Bis 1922 wurde dieser Kanal noch zweimal – bis zum Auslaufwerk bei Ostendorf – auf eine Länge von knapp 18 Kilometern ausgebaut.

Am Kanal erzeugt die Augsburger Lechwerke AG in drei Wasserkraftwerken in Gersthofen, Langweid und Meitingen Strom. Die Kraftwerke sind der technologische Schlusspunkt der historischen Augsburger Wasserwirtschaft: Erstmals wurden nicht nur benachbarte Fabriken mit Strom versorgt. Diese Kraftwerke versorgten auch die Fläche.

Der Rechen des Wasserkraftwerks Meitingen spiegelt sich im Nördlichen Lechkanal. Dieses Kraftwerk der Lechwerke ging 1922 in Betrieb.

1901 ging das Wasserkraftwerk Gersthofen als erstes großes Wasserkraftwerk Bayerns in Betrieb. Fünf stromerzeugende Turbinen des neuen Gersthofer Wasserkraftwerks versorgten zunächst das angrenzende Chemiewerk – die „Filialfabrik Meister Lucius & Brüning" (später ein Betrieb der Farbwerke Hoechst). Doch darüber hinaus wurde hier genug Strom produziert, um die Städte Lechhausen und Friedberg sowie die Gemeinden Oberhausen und Gersthofen zu elektrifizieren. Mit dem Wasserkraftwerk Gersthofen begann also in der Region Augsburg die Stromversorgung in der Fläche – ein technischer Meilenstein. Erst rund zehn Jahre zuvor hatte Heilbronn als

erste Stadt der Welt eine ständige Fernversorgung mit Strom eingeführt. So modern und leistungsfähig das Gersthofer Kraftwerk auch war, so sehr ist seine schlossartige Architektur ein „Kind“ der Wilhelminischen Ära. Quer über den Kanal entstand der 80 Meter breite Blankziegelbau im Stil des Historismus. Er wurde mit einer 8,6 Meter breiten Kammerschleuse mit beinahe zwei Metern Tiefgang (heute der Leerschuss) geplant. Diese Schleuse baute man wegen der projektierten Kanalschifffahrt, und auch eine Floßgasse entstand. 1904 wurde zur Absicherung der Stromversorgung ein Dampfkraftwerk errichtet: Vor der 1941 erweiterten Halle ist ein Turbinenrad von 1901 aufgestellt.

Bald nach Fertigstellung des Wasserkraftwerks in Gersthofen kamen Pläne für den Bau eines zweiten Wasserkraftwerks auf. 1905 erhielt die 1903 gegründete Lech-Elektrizitätswerke Aktien-Gesellschaft mit Sitz in Augsburg – heute Lechwerke AG (LEW) – als Nachfolgerin der Elektrische-Actien-Gesellschaft vormals W. Lahmeyer & Co. (EAG) die Konzession für den Betrieb: Der Nördliche Lechkanal wurde nun bis zum Wasserkraftwerk Langweid verlängert. Noch immer spielten Schifffahrt und Flößerei bei den Planungen für den im Regelfall 28,5 Meter breiten Lechkanal eine Rolle: Auch dieser 75 Meter lange Kraftwerksbau erhielt eine Floßschleuse. Eine Schiffsschleuse

wurde eingeplant und durch Bettungsarbeiten vorbereitet. Hinter der Blankziegelfassade im Stil des Historismus erzeugten ab 1907 vier Francis-Turbinen der Maschinenfabrik Augsburg Strom. Das – architektonisch erkennbar abweichende – östliche Turbinenhaus wurde in den 1930ern angebaut. Bis heute wird im Langweider Wasserkraftwerk Strom erzeugt. Technische Denkmäler von 1907 – das Polrad des Generators sowie die zweigeschossige begehbare Turbinenkammer – sind seit 2008 zentrale Exponate im Lechmuseum Bayern. Der Kraftwerkspfad des Museums führt auch zum Oberwasser und Unterwasser des Kraftwerks sowie auf einen Damm am Kanalufer.

Für das dritte Kraftwerk der Lechwerke am Nördlichen Lechkanal – das Wasserkraftwerk Meitingen – und für die weitere Nutzung des Lechs bis zu seiner Mündung in die Donau gab es wohl bereits 1918 erste Planungen. 1920 bekamen die Lechwerke die Konzession für den Betrieb eines dritten Kraftwerks. 1922 ging das Wasserkraftwerk Meitingen als letztes der Kanalkraftwerke am Lech in Betrieb. Der Bau wurde 60 Meter breit und mit einer Fassade im Stil der Neuen Sachlichkeit errichtet. Generatoren von AEG und Francis-Turbinen von

Voith erzeugen dort seitdem Strom. Mit dem Wasserkraftwerk in Meitingen entstand die benachbarte Fabrik der Siemens-Plania AG, die hier energieintensiv Graphit produzierte. Das Wasserkraftwerk liegt bei Kanalkilometer 14,5. Gut drei Kilometer weiter nördlich gibt der Kanal, der fast 18 Kilometer weit durch den Landkreis Augsburg strömt, über ein Auslaufwerk bei Ostendorf alles Wasser an das parallel fließende Lechmutterbett zurück. Die Dämme, die den Kanal in seiner ganzen Länge begleiten, sind artenreiche Lebensräume.

Augsburger Know-how der Trinkwasserversorgung wurde zum Vorbild für weite Teile Europas

Vom Trinkwasser: Wasser mit Wasser heben

Dass Augsburgs Trinkwasserversorgung zum Vorbild für Europa wurde, ist einer besonders ungünstigen und einer besonders günstigen Konstellation zu verdanken. Vor allem die reichen Augsburger litten unter der ungünstigen Topografie: Die Stadtpaläste der Patrizier und Großkaufleute vom Schlage der Fugger und Welser standen auf einer in Jahrmillionen vom Lechschotter gebildeten Hochterrasse, denn die Römer hatten die Augusta Vindelicum weitab von den zerstörerischen Hochwasserfluten des Lechs gegründet. Doch damit lagen die wasserführenden Schichten östlich wie westlich der Stadt zehn, zwölf oder mehr Meter tiefer als das Bodenniveau der noblen Viertel der Reichs- und Bischofsstadt. Mit wenigen Quellen, mit Schachtbrunnen und mit Zisternen für das Regenwasser war die prosperierende Stadt, damals eine der bevölkerungsreichsten Deutschlands, schwer zu versorgen.

Günstig war: Augsburg war eine reiche Stadt – wo Reichtum herrscht, wird Luxus bezahlbar. Kaum etwas war im 15. und 16. Jahrhundert größerer Luxus als reines Trinkwasser. Augsburg konnte sich diesen Luxus und das nötige Know-how leisten. Also wurde sauberes Quell- und Grundwasser mit Wasser gehoben: Die Stadt wurde ein Zentrum des Pumpwerkbaus in Mitteleuropa. Bis zu sieben städtische Wasserwerke mit Reservoirs in bis zu neun Wassertürmen an der östlichen Stadtmauer versorgten die Wohnviertel, ehe 1879 mit dem Wasserwerk am Hochablass die Ära zentraler Trinkwasserversorgung begann.

Idyllisch spiegelt sich der Untere St.-Jakobs-Wasserturm im Wasser des Äußeren Stadtgrabens. Das bis 1609 von Stadtwerkmeister Elias Holl erbaute kleine Wasserwerk versorgte ein Arme-Leute-Viertel, die Jakobervorstadt.

Wie sich Augsburg vor der Einführung der Wasserhebung notdürftig mit Trinkwasser versorgte, ist seit Langem gut erforscht: Seit den Römern hatte man zum Beispiel auf der Schotterhochterrasse Schachtbrunnen bis in die tief liegenden wasserführenden Schichten gegraben und sich so versorgen können. Einer der mittelalterlichen Tiefbrunnen ist in einem Anwesen im Georgs- und Kreuzviertel erhalten. Augsburgs historische Wasserwirtschaft war bereits auf dem langen Weg in die Liste des UNESCO-Welterbes, als über die Anfänge der Trinkwasserhebung und ihre Protagonisten noch immer kaum etwas (oder überwiegend Falsches) sowie über die früheste Technik der Trinkwasserförderung nichts bekannt war. Die Chroniken überlieferten falsche Jahreszahlen

und zu Hebetechniken gar nichts. Die Chronik des Markus Welser aus dem 16. Jahrhundert erwähnt nur „eine seltsame Rüstung, so wir auff unser Spraach ein Pumpen nennen". Der Beginn der Wasserhebung und der Weg dieser Techniken nach Augsburg sind erst seit 2018 bekannt. Die Auswertung städtischer Rechnungsbücher und die Analyse von Beziehungsgeflechten (prosopografische Forschungen) in Goldschmiedefamilien klärten den Beginn der Wasserhebung: Um 1400 waren Augsburger Goldschmiede als Spezialisten für die Metallverarbeitung in Bergbauzentren im Erzgebirge und in den Karpaten ausgewandert. Dort lernten sie die „Wasserkünste" kennen: In immer tiefer gegrabenen, teils „abgesoffenen" Erzgruben war es nach der großen Pest um 1350 wegen des Mangels an Bergarbeitern zu teuer geworden, Schächte nur von Haspelknechten mit Ledereimern entwässern zu lassen. Also begann man, Stollen mit von Aufschlagwasser angetriebenen „Eimerkünsten" trockenzulegen. Solche Wasserhebetechniken sieht man heute in Bergbaumuseen in Schwaz und in Sterzing. Technisch nur leicht modifiziert ließ ab 1413 eine private Investorengruppe um den Goldschmied Luitpold Karg das erste Augsburger Wasserwerk am Schwibbogentor konstruieren. Diese Anlage – ein Becherwerk – funktionierte jedoch wohl nur unzureichend: Die Finanziers verloren ihr Vermögen. Welch großer Höhenunterschied in Augsburg durch Wasserhebung zu bewältigen war, zeigt eine steil abfallende Treppe am Eisenberg neben dem Rathaus.

Das Wasserwerk am Roten Tor ist das herausragende Denkmal der Augsburger Wasserwirtschaft. Die Chronisten setzten die Inbetriebnahme dieses Wasserwerks im Jahr 1416 an, richtig dürfte 1433 sein. So oder so ist dieses Wasserwerk sowohl in Bezug auf sein Alter als auch auf den Zeitraum seiner Nutzung europaweit einzigartig. Ein architektonisch vergleichbares Ensemble findet sich nirgends: Mit drei Wassertürmen, zwei Brunnenmeisterhäusern um den Brunnenmeisterhof und dem (seit 1777 gemauerten) Aquädukt ist dieses Wasserwerk wohl ohne jede Parallele. Sein Kern ist der Große Wasserturm, gesichert der älteste Wasserturm Deutschlands (und wohl

auch Mitteleuropas). Erstmals in Deutschland wurden in Augsburg Wassertürme auf die Mauern von Wehrtürmen aufgesetzt – eine günstige Methode, um die benötigte Höhe zu erreichen. Das Obergeschoss des Wasserturms bestand zuerst nur aus Holz: Als es 1464 abbrannte, wurde es höher und gemauert erbaut. Ab 1470 entstand der Kleine Wasserturm. Das älteste und größte Augsburger Wasserwerk versorgte weite Teile dieser Stadt, bis 1879 das Wasserwerk am Hochablass in Betrieb ging, das Augsburg jetzt zentral belieferte. Bis ins 19. Jahrhundert wurden das Wasserwerk verbessert und seine Türme erhöht. Renaissance, Barock und Klassizismus prägen die Fassaden.

Während das historische Wasserwerk am Roten Tor architektonisch komplett erhalten ist, wurde die Technik irgendwann um 1900 abgebaut. 2010 hat man im Oberen Brunnenmeisterhaus – dessen Eingangstür kindliche fischschwänzige Wasserschütter zieren – und im Großen sowie im Kleinen Wasserturm eine Dauerausstellung zur vorindustriellen Trinkwasserversorgung eingerichtet. Die beiden Steigleitungen zum Reservoir im Turm sowie die Fallleitung werden seit dieser Zeit durch moderne Installationen angedeutet. Wie seit dem 15. Jahrhundert fließt Wasser aus dem Aquädukt unter dem Großen Wasserturm hindurch und am Oberen Brunnenmeisterhaus vorbei in Richtung Lechviertel. Noch bis 1840 kreuzten hier Trinkwasser aus reinen Quellen auf dem Lechfeld und Treibwasser aus einem Flussanstich am Lech in einem gemeinsamen Kanalbett, aber durch eine hölzerne Scheidewand getrennt, den nassen Stadtgraben vor dem Wasserwerk. Nur das klare Quellwasser gelangte auf diese Weise in das Wasserwerk, dessen wasserradgetriebene Kolbenpumpen

(mit Ausnahme eines Wasserrads beim Aquädukt) ebenfalls nur mit sauberem Quellwasser angetrieben wurden. Damit trieb die Reichsstadt Augsburg ein Prinzip auf die Spitze, das auch später strikt befolgt wurde: Quell- und Flusswasser hat man getrennt, obwohl man noch nichts von Wasserhygiene wissen konnte. Der Grund für diese – anderswo noch um 1900 unübliche – Trennung ist nicht bekannt. Mehrere wasserradgetriebene Kolbenpumpen arbeiteten im Untergeschoss der Wassertürme oder in den Pumpenhäusern, die im Brunnenmeisterhof erbaut worden waren. Die Pumpen drückten das Wasser über eine Steigleitung in ein etwa badewannengroßes Becken unter der Turmkuppel. Dieses Reservoir diente allein als Stoßausgleichsbecken, also nur der Schonung der Wasserleitungen und nicht als Wasserspeicher. Denn noch bis ins 19. Jahrhundert gab es keine technische Möglichkeit, größere Speicherbehälter zu bauen, die dem Druck des Wassers hätten standhalten können. Zu dem Wasserbecken unter der Kuppel führten mehr als hundert hölzerne Treppenstufen hinauf.

In seiner „Hydraulica Augustana" – einem Führer für Bildungsreisende im Wasserwerk am Roten Tor – hat der Stadtbrunnenmeister Caspar Walter 1754 auch ein sechseckiges kupfernes Reservoir im obersten Geschoss des Kleinen Wasserturms beschrieben. Es fasste nur gut 2000 Liter. Dieses Wasserbecken stand auf einem (nach 1879 abgebauten) hölzernen Dielenboden. Die moderne Installation unter der seit 1672 mit Wessobrunner Stuck verzierten Kuppel deutet das Wasserbecken, die beiden Steigleitungen und ihre Einlaufhähne sowie den Auslaufhahn in die Fallleitung an. Über diese Fallleitung floss das Trinkwasser in die Wasserleitungen, die bis weit ins 19. Jahrhundert hinein überwiegend aus hölzernen Deicheln bestanden. Die Wasserversorgung funktionierte als reines Durchflusssystem: Das in die Türme gehobene Trinkwasser strömte am Ende der Wasserleitung wieder heraus, soweit es nicht zuvor – irgendwo am Leitungsstrang – abgeschöpft worden war. Den Stolz der Stadtpfleger (der Bürgermeister) und Baumeister (quasi Baureferenten im Ehrenamt) auf „ihr" Wasserwerk zeigen die Wappen, mit denen sich diese Patrizier im Stuck verewigten. An den Wänden im Kuppelsaal hängen seit 2010 sechs Instruktions- und Erinnerungsgemälde:

Sie wurden 1753 nach Skizzen Caspar Walters gemalt. Die hölzernen Tafeln überliefern nicht nur die von ihm im Wasserwerk ausgeführten Verbesserungen, sondern zeigen zudem alle sieben reichsstädtischen Wasserwerke samt ihrer Entstehungsgeschichte. Beim Gang durch die Ausstellung sieht man ein Schnittmodell der Wassertürme sowie die Modelle von drei Pumpwerken. Durch ein Fenster schaut man auf den 1599 erbauten Kastenturm. Für diesen Wasserturm schuf der Bildhauer Adriaen de Vries im Auftrag der Stadt eine Bronzefigur als Einlaufhahn – den Brunnenjüngling. Er ist nun ein Glanzstück des Maximilianmuseums.

In Unterscheidung zum Oberen Wasserwerk – dem Wasserwerk am Roten Tor – wurde der Untere Brunnenturm am Mauerberg auch das Untere Wasserwerk genannt. Wann genau das zweitälteste und zweitgrößte Wasserwerk der Reichsstadt in Betrieb genommen wurde, war 2019 noch nicht erforscht: Überliefert ist nur, dass die Pfalz des Bischofs von Augsburg 1502 von dort aus mit Röhrwasser versorgt wurde. Überliefert ist auch die „Machina Augustana“: sieben übereinander angeordnete, von einem Wasserrad angetriebene Schneckenpumpen. Die Archimedischen Schrauben dieser „Augsburger Maschine“ hoben Wasser aus einem Speisebrunnen in den Wasserturm, der auch

hier auf einen Wehrturm aufgesetzt worden war. Wohl ab 1626 kamen auch dort wasserradgetriebene Kolbenpumpen zum Einsatz. Im Pumpenhaus unter dem 1537 und um 1680 aufgestockten Wasserturm hoch über dem Stadtbach hielt das Industriezeitalter 1821 mit der „Reichenbach'schen Wassermaschine" Einzug. Mit diesem Pumpwerk begann in der Augsburger Trinkwasserhebung die Ära der eisernen Konstruktionen. Ein Modell dieser „Wassermaschine" ist heute im Wasserwerk am Roten Tor zu sehen. Seit 1848 leitet eine gusseiserne Wasserkreuzung – die Zirbelnuss-Kanalbrücke – das Wasser des Inneren Stadtgrabens über den Stadtbach ins Pumpenhaus.

In der Stadtmauer beim Vogeltor hat sich ein Wasserturm erhalten, der lang vergessen war und erst 2014 „wiederentdeckt" wurde. Der Vogelturm war ein mittelalterlicher Wehrturm: Zu einem Wasserturm wurde dieser jüngste unter den Augsburger Wassertürmen erst um 1774, als man das Reservoir des 1538 errichteten Wasserwerks am Vogeltor von einem kleinen Türmchen auf der Bogenmauer über dem Inneren Stadtgraben in den benachbarten Wehrturm verlegte. Durch den höheren Turm wurde ein stärkerer Wasserdruck erreicht. Ein heller rechteckiger Fleck an der Stadtmauer beim Kloster St. Ursula erinnert an ein 1843

erbautes Pumpenhaus vor dem Vogelturm. Das Wasserwerk am Vogeltor gewann Trinkwasser aus einem Speisebrunnen. Sauberes Grundwasser hob auch der Untere St.-Jakobs-Wasserturm am Äußeren Stadtgraben beim Gänsbühl, den Stadtwerkmeister Elias Holl wie den baugleichen – 1944 jedoch zerbombten – nahen Oberen St.-Jakobs-Wasserturm 1609 erbaut hatte. Mit diesen kleinen Wasserwerken versorgte man die Jakobervorstadt, wo die Ärmsten lebten: Luxus als soziale Wohltat. Es gab aber auch private Wasserwerke. Daran erinnert der (neugotisch überbaute) Wasserturm eines barocken Gartenguts am Sparrenlech.

Trinkwasserleitungen bestanden in Augsburg bis in das Industriezeitalter weit überwiegend aus Föhrenholz. Die sogenannten Deicheln waren mehrere Meter lange Baumstämme – meist von Föhren vom Lechfeld, die man mit wasserradgetriebenen Deichelbohrmaschinen der Länge nach aushöhlte. Die Modellkammer im Maximilianmuseum zeigt eine derartige Maschine im Kleinformat. Eine der hölzernen Deicheln entdeckt man in der Ausstellung im Wasserwerk am Roten Tor. Deicheln hielten je nach Beschaffenheit des Untergrunds nur ein paar bis 30 Jahre, ehe sie ausgewechselt werden mussten. Kupferne Muffen verbanden die einzelnen Holzröhren. Bis in das Industriezeitalter waren Rohre aus Keramik und Metall die Ausnahme, erst ab 1839 begann man in Augsburg nach und nach, bei Ausbesserungsarbeiten gusseiserne Leitungen zu verlegen. Vollständig auf Gusseisen umgestellt wurde das Trinkwasserleitungsnetz in Augsburg erst vor der Inbetriebnahme des zentralen städtischen Wasserwerks am Hochablass im Jahr 1879. Die Deicheln hatten ausgedient: An ihre Lagerung in Deichelteichen und Kanälen erinnert heute der Name des Deichelbachs. Für

die Herstellung und für die Verlegung dieser Röhren zu jeder Jahreszeit waren städtische Röhrmeister zuständig. Das zu Reichsstadtzeiten innerhalb der Stadtmauern verlegte Leitungsnetz mit drei Hauptästen und deren Nebenästen zeigt die 1779 angefertigte Skizze eines Brunnenmeisters im Wasserwerk am Roten Tor: Die Abzweige zu den Wasserkästen der Besitzer von Hausanschlüssen sind gut zu erkennen. Noch immer war „Wasser ins Haus" ein Privileg der Reichen. 1850 maß das Netz der Leitungen 48 Kilometer, sechseinhalb Kilometer waren mit gusseisernen Rohren verlegt.

Noch bis 1879 trennte der Wasseranschluss „ins Haus" (also stetig fließendes Trinkwasser in die Wasserkästen in den Innenhöfen oder in den Toreinfahrten der Stadtpaläste und Bürgerhäuser der reichen Augsburger) die in dieser Stadt seit dem 16. Jahrhundert extrem dünne Oberschicht vom armen oder stets von Armut bedrohten Gros der Bevölkerung. Beinahe 90 Prozent der Menschen in der Stadt versorgten sich bis 1879 aus den öffentlichen Laufbrunnen auf den Straßen und Plätzen, noch immer aus Schachtbrunnen oder – vor allem in der tief gelegenen Jakobervorstadt – aus Pumpbrunnen. Einen gusseisernen Pumpbrunnen aus dem 19. Jahrhundert findet man

noch heute in der Herrengasse der Fuggerei. Sehr viel nobler sehen die oft aufwendig mit Patrizierwappen oder antiken Motiven verzierten Wasserkästen der Besitzer kostspieliger Hausanschlüsse aus – die im Stadtbild auch deshalb nicht sehr auffallen, weil sie sich zumeist hinter den Fassaden von Stadtpalästen wie denen an der Maximilianstraße verbergen. Äußerst prunkvoll war die Wasserversorgung in zwei Fuggerhäusern. Einen Wasserkasten aus Stein rahmte Stadtwerkmeister Elias Holl um 1625 mit einer Arkadenwand im Stil der Renaissance. Das marmorne Wandbecken in den Badstuben speiste der einzige Anschluss, der ins Innere eines Gebäudes verlegt wurde.

Die meist gusseisernen Wasserkästen wurden im 18. und 19. Jahrhundert offenbar in Serien produziert: Auf den Reliefs dieser vier- oder fünfeckigen Kästen tauchen ständig wiederkehrende Motive auf: Neptun auf dem Rücken eines Delfins und die schaumgeborene Venus, Fische sowie „See-Hunde" mit Hundeköpfen. Nur wenige Kästen verzierte man individueller (mit einem Ölgemälde oder mit Wappen) oder stellte sie in eine Brunnennische. Ein schlichtes Wasserbecken aus Zink blieb im Dachboden eines Augsburger Hauses erhalten: In solche Einlaufbehälter – von dort durch die Leitungen der darunter liegenden Geschosse – floss noch nach 1945 Tag und Nacht das Wasser: Erst in den 1950ern wurden Wasseruhren eingeführt.

17 34

Seit der Mitte des 19. Jahrhunderts stieß das im Kern mittelalterliche Versorgungssystem der Wasserwerke an der östlichen Stadtmauer an seine Grenzen. Quantitativ, weil die dort geförderte Wassermenge für die wachsende Bevölkerung der boomenden Industriestadt nicht mehr ausreichte. Qualitativ, weil das Trinkwasser – seit 1848 auch im Wasserwerk am Roten Tor – über Speisebrunnen und damit aus dem Grundwasser unter dicht bewohnten Stadtvierteln gewonnen wurde: Cholera- und Typhusepidemien forderten auch in Augsburg zahlreiche Menschenleben. Nach langjährigen Überlegungen entschied der Magistrat der Stadt, in unmittelbarer Nachbarschaft des

Hochablasses auf unbebautem Gelände ein neues zentrales Wasserwerk zu errichten. Es wurde eine für Augsburg typische Lösung: Der Nutzbau wurde von einem Stararchitekten mit einer schlossartigen Fassade im Stil der Neorenaissance errichtet. Die Fördertechnik war ein Resultat des Know-hows in der Stadt: Drei gusseiserne Pumpensätze sowie die vier zehn Meter hohen geschmiedeten Windkessel wurden von der Maschinenfabrik Augsburg konstruiert. Der von dieser Anlage erzeugte Wasserdruck machte einen teuren Wasserturm unnötig. Die Technik war innovativ, aber nicht neu: Seit 1803 kamen Windkessel im Pumpwerk von Schloss Nymphenburg zum Einsatz.

Am 1. Oktober 1879 nahm das neue Wasserwerk am Hochablass den Normalbetrieb auf. Es war der Beginn einer völlig neuen Ära der Trinkwasserversorgung: Denn 1878 hatte der Magistrat die Satzung erlassen, die sämtliche Haushaltungen in der Stadt zum Anschluss an das Leitungsnetz verpflichtete. Das nunmehr fast 54 Kilometer lange Leitungssystem war mit dem Beginn der Bauarbeiten am zentralen städtischen Wasserwerk mit Rohren aus Gusseisen verlegt worden. Für die kilometerlangen Leitungen in Richtung Stadtzentrum wurden

fünf große Werkskanäle unter der Kanalsohle gequert. Ein sechster Kanal wurde mit einer Wasserkreuzung über dem Wasserspiegel überwunden. Einen Nebenstrang verlegte man unter der Flusssohle der Wertach hindurch. Das Trinkwasser für das Wasserwerk am Hochablass sammelten Heberbrunnen im Stadtwald Augsburg. Treibwasser lieferte der Lech über den vom Hauptstadtbach abgezweigten Neubach. Bis 1973 tat das Wasserwerk – nun ein europaweit bedeutendes Technikdenkmal des Industriezeitalters – seinen Dienst.

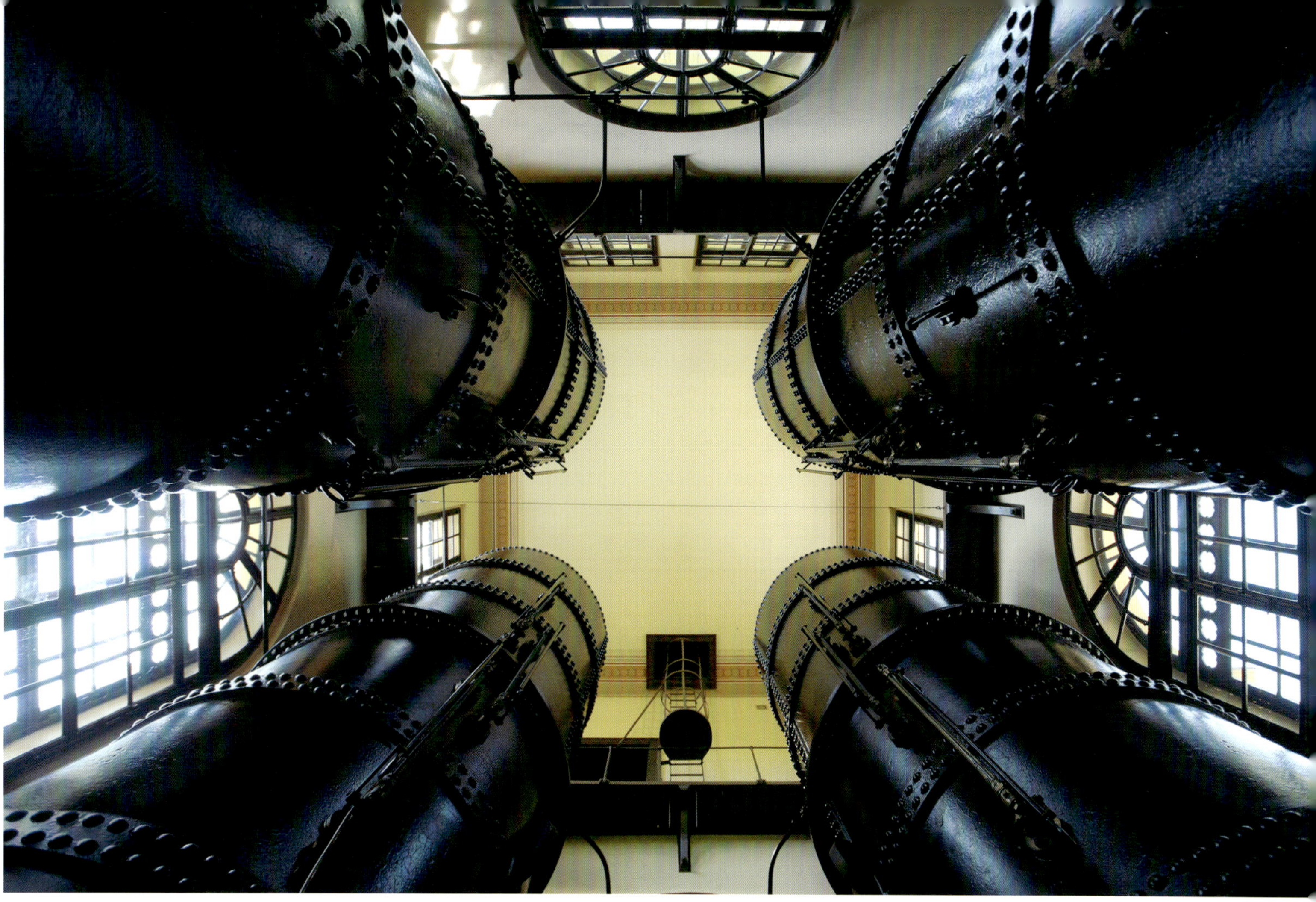

Augsburgs einzigartige Brunnentrias huldigte dem Kaiser – und diente zuverlässig als Messinstrument

Von der Brunnenkunst: Bronzefiguren und Technik

Augsburgs Brunnentrias ist weltweit einzigartig. Drei Monumentalbrunnen in einer Straßenachse sind einem einzigen Thema gewidmet: Mit ihnen huldigte die Reichsstadt, Schauplatz zahlreicher Reichstage, dem Kaisertum des Hauses Habsburg. Weit und breit ohne jede Parallele ist auch der älteste der drei um 1600 entstandenen figurenreichen Brunnen: Die Beckenrandfiguren des Augustusbrunnens verkörpern durch ihre Gestalt, Anordnung und Attribute die Nutzung und die ungefähre Lage der vier lokalen Hauptgewässer. Zudem ist der vom Niederländer Hubert Gerhard gestaltete manieristische Brunnen nördlich der Alpen der älteste mit komplettem Figurenbestand. Dass der bayerische Herzog später Gerhard nach München holte, zeigt dessen Bedeutung. Sein Landsmann Adriaen de Vries, der die Gussformen für den Merkurbrunnen und den Herkulesbrunnen schuf, wurde sogar – als Kammerbildhauer des Kaisers – von Augsburg nach Prag berufen.

Die Schönheit der Brunnenfiguren lässt fast vergessen, dass alle drei Brunnen auch Knotenpunkte im Trinkwasserleitungsnetz der Stadt waren – und sie außerdem bis heute technische Denkmäler sind. Die Brunnenfiguren waren eine technische Innovation: Noch wenige Jahre zuvor war es nicht möglich gewesen, solch große Bronzen zu gießen. Nur der Augustusbrunnen war von Beginn an ein Schauobjekt. Bei den beiden anderen Brunnen diente ein Überlaufbecken der öffentlichen Trinkwasserversorgung. Mehr noch: Die „springenden" Fontänen der Wasserspeier zeigten den Augsburger Brunnenmeistern zuverlässig an, ob der Wasserdruck stimmte – oder ob irgendwo eine Leitung leckte.

Augsburgs Monumentalbrunnen werden meist nur als Kunstwerke wahrgenommen. Doch die Brunnen sind zugleich technische Denkmäler.

HERCVLIS · STATVA · CVM · RELIQVIS · SIGNIS
FERREA · TANDEM · SVFFVLTA · COLVMNA · COSS
ET · P · F · KREMER · AEDILE · B · DE · HOESLIN · A · M

Aus Sizilien und über Florenz war die Kunst monumentaler Brunnen und manieristischer Bronzefiguren über die Alpen gekommen. Ab 1588 modellierte Hubert Gerhard die Gussformen für die Figur des Kaisers Augustus auf dem Pfeiler sowie für die Hermen und Delfine tragenden Eroten darunter. Zwei männliche Figuren am Beckenrand verkörpern die Gebirgsflüsse Lech und Wertach, zwei weibliche Figuren den Mühlenfluss Singold sowie den Trinkwasser spendenden Brunnenbach. Ihre Attribute – Floßruder, Fischernetz, Mühlrad und Wasserkanne – verraten ihre Funktionen.

1594 war der viel bestaunte (und wegen der Nacktheit seiner Brunnenfiguren als Skandal bekrittelte) Augustusbrunnen vor dem damals noch gotischen Rathaus in Betrieb genommen worden. Weil Hubert Gerhard danach wegen etlicher Aufträge des Herzogs von Bayern für weitere Brunnen der Reichsstadt nicht mehr zur Verfügung stand, gewann Augsburg seinen ebenfalls in Italien geschulten Landsmann Adriaen de Vries. Er schuf den Merkurbrunnen, den kleinsten der drei Monumentalbrunnen der Reichsstadt. Die Körperdrehung der Figur

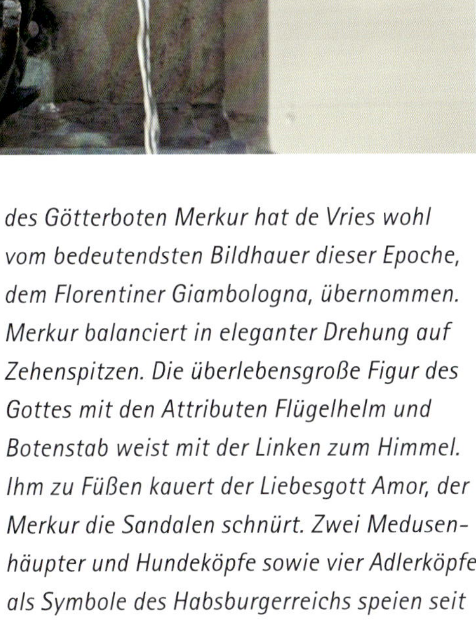

des Götterboten Merkur hat de Vries wohl vom bedeutendsten Bildhauer dieser Epoche, dem Florentiner Giambologna, übernommen. Merkur balanciert in eleganter Drehung auf Zehenspitzen. Die überlebensgroße Figur des Gottes mit den Attributen Flügelhelm und Botenstab weist mit der Linken zum Himmel. Ihm zu Füßen kauert der Liebesgott Amor, der Merkur die Sandalen schnürt. Zwei Medusenhäupter und Hundeköpfe sowie vier Adlerköpfe als Symbole des Habsburgerreichs speien seit 1599 Wasser, die Löwenmasken sind jünger.

Adriaen de Vries schuf auch die Gussmodelle für die Bronzefiguren am Herkulesbrunnen. Wohl bis 1600 waren alle Figuren gegossen, das Wasser floss erst ab 1602. Der dritte und letzte der Monumentalbrunnen ist der größte und figurenreichste. Auf dem Brunnenpfeiler aus Marmor erschlägt der Halbgott Herkules mit seiner Flammenkeule die Wasserschlange Hydra. Auch die Figur des Herkules ist als Verherrlichung des Kaisers zu verstehen: De Vries modellierte die in der griechischen Mythologie in der Regel neunköpfige Hydra am Herkulesbrunnen mit lediglich sieben Köpfen. Die Zahl Sieben ist wohl eine Anspielung auf die sieben Kurfürsten des Reichs, die jeder Kaiser zähmen

musste. Der Brunnen entstand nämlich vor den Fuggerhäusern, wo der siegreiche Kaiser nach dem Schmalkaldischen Krieg beim Reichstag von 1547/48 residiert hatte. Am Platz, an dem später der Brunnen aufgestellt wurde, belehnte Karl V. 1548 Moritz von Sachsen mit jener Kurwürde, die er zuvor Johann Friedrich I. von Sachsen genommen hatte: Dieser Kurfürst hatte mit den Protestanten gegen den Kaiser gekämpft. Den Pfeiler zieren je drei Grazien über großen Muschelschalen, wasserspeiende Tritonen und Gänse würgende Eroten, die den Kampf des Herkules nachahmen. Drei feuervergoldete Reliefs am Pfeiler versinnbildlichen Augsburgs Stadtgründung durch die Römer.

Alle Brunnenfiguren an den Monumentalbrunnen (die bis auf die Hauptfiguren auf den Pfeilern im Winter eingehaust werden) sind Abgüsse. Die Originale sämtlicher Brunnenbronzen wurden zum Schutz vor Witterungseinflüssen, Luftschadstoffen und Vandalismus in dem mit Glas überdachten Viermetzhof im Maximilianmuseum aufgestellt. Die Bronzefiguren von Kaiser Augustus, Merkur und Amor sowie von Herkules und der Hydra stehen dort auf hohen Sockeln. Bronzen von den Pfeilern der drei Monumentalbrunnen, aber auch der Brunnenjüngling – jene Bronzefigur, die seit 1602 als kostbarer Einlaufhahn über dem Wasserreservoir des Kastenturms im Wasser-

der Stadtmetzg ist ein Renaissancekunstwerk, war aber zunächst keine Brunnenfigur, sondern Fassadenschmuck und ist deshalb (anders als das ehemalige Schlachthaus der Reichsstadt) kein Denkmal des Welterbes. Auch wegen der Maskarons auf seinen Wasserspeiern ist der Georgsbrunnen das Hinschauen wert: Als der Brunnen 1993 am heutigen Platz aufgestellt wurde, ließen sich Mitarbeiter der Stadtverwaltung darauf verewigen. Renaissancekunst sind auch zwei Venezianische Muschelbrunnen: Sie stehen jedoch erst seit 1950 in Augsburg.

Die Augsburger Wasserwirtschaft überliefert ein Kapitel der deutschen Industriegeschichte

Von der Ingenieurskunst: Wasser, Eisen und Ästhetik

Kunst und Ingenieurskunst lagen im frühen 20. Jahrhundert noch eng beieinander: Schönheit und Ästhetik waren Anforderungen, denen sich die Ingenieure von Augsburger Unternehmen wie der Maschinenfabrik Augsburg, aber auch namhafter auswärtiger Konzerne von AEG bis Siemens-Schuckert stellten. Was für die Augsburger Wasserwerke, Wasserkraftwerke und Wehre wie am Hochablass konstruiert wurde, war nicht nur ansehnlich, sondern außerdem gleichsam „unkaputtbar". Nicht nur am Hochablass, auch für das benachbarte Wasserwerk am Hochablass sowie für das Wasserkraftwerk auf der Augsburger Wolfzahnau und die drei Kraftwerke am Nördlichen Lechkanal entstanden Anlagen, die zum Teil noch heute in Betrieb sind oder – wo sie durch zeitgemäßere Technik ersetzt wurden – von Kraftwerksbetreibern wie dem Augsburger Unternehmer Franz Winter oder der in Augsburg ansässigen Lechwerke AG wertgeschätzt und vorbildlich gepflegt werden. Die Besichtigung dieser Denkmäler der Industriekultur gleicht einem Spaziergang durch ein „Who's who" deutscher Industriegeschichte.

Dem speziellen Know-how Augsburger Ingenieure war es nicht zuletzt geschuldet, dass der Münchener Rudolf Diesel seinen Motor von 1893 bis 1897 nur in der Maschinenfabrik Augsburg zur Serienreife bringen konnte. Mit dem Augsburger Josef Krumper, seit 1875 Oberingenieur der Maschinenfabrik Augsburg, stand Diesel ein im Bau von Pumpen überaus erfahrener Praktiker zur Seite. 1878/79 war Josef Krumper zum Beispiel maßgeblich an der Konstruktion der innovativen Technik des Wasserwerks am Hochablass beteiligt gewesen.

Die Schleusentechnik am Hochablasswehr zeigt den funktionalen und den ästhetischen Anspruch des frühen 20. Jahrhunderts.

Jahrhundertelang war Holz in den Augsburger Wasserwerken der Hauptbaustoff gewesen – was der Grund dafür war, dass Stadtbrunnenmeister wie der legendäre Caspar Walter in der Regel das Zimmererhandwerk erlernten, ehe sie in städtische Dienste traten. Mit dem aufkommenden Industriezeitalter änderte sich nicht nur der Hauptbaustoff – Eisen und Gusseisen verdrängten nunmehr das bislang herkömmliche Holz nicht nur bei der Trinkwasserversorgung, sondern bei jedweder Art von Wassertechnik. Besonders gut lassen sich die Materialien des industriellen Zeitalters im Wasserwerk am Hochablass oder auch an der Schleusentechnik am Hochablass erkennen.

Mit der Maschinenfabrik Augsburg – einer der Wurzeln des MAN-Konzerns – sind etliche Denkmäler der Augsburger Wasserwirtschaft verbunden. Noch heute zeugen die formschön aus Messing angefertigten Firmenschilder der MAN von der Stellung dieses Unternehmens in der Hydrotechnik, dessen Historie sogar mit der ersten in Deutschland gebauten Wasserturbine verbunden ist. Schilder und Markenzeichen „erzählen" auch Konzerngeschichte: 1908 wurde die Maschinenfabrik Augsburg zur Maschinenfabrik Augsburg-Nürnberg AG. Auf den Namen MAN stößt man im Stadtbachkraftwerk, im Wasserwerk am Hochablass und im Wasserkraftwerk auf der Wolfzahnau.

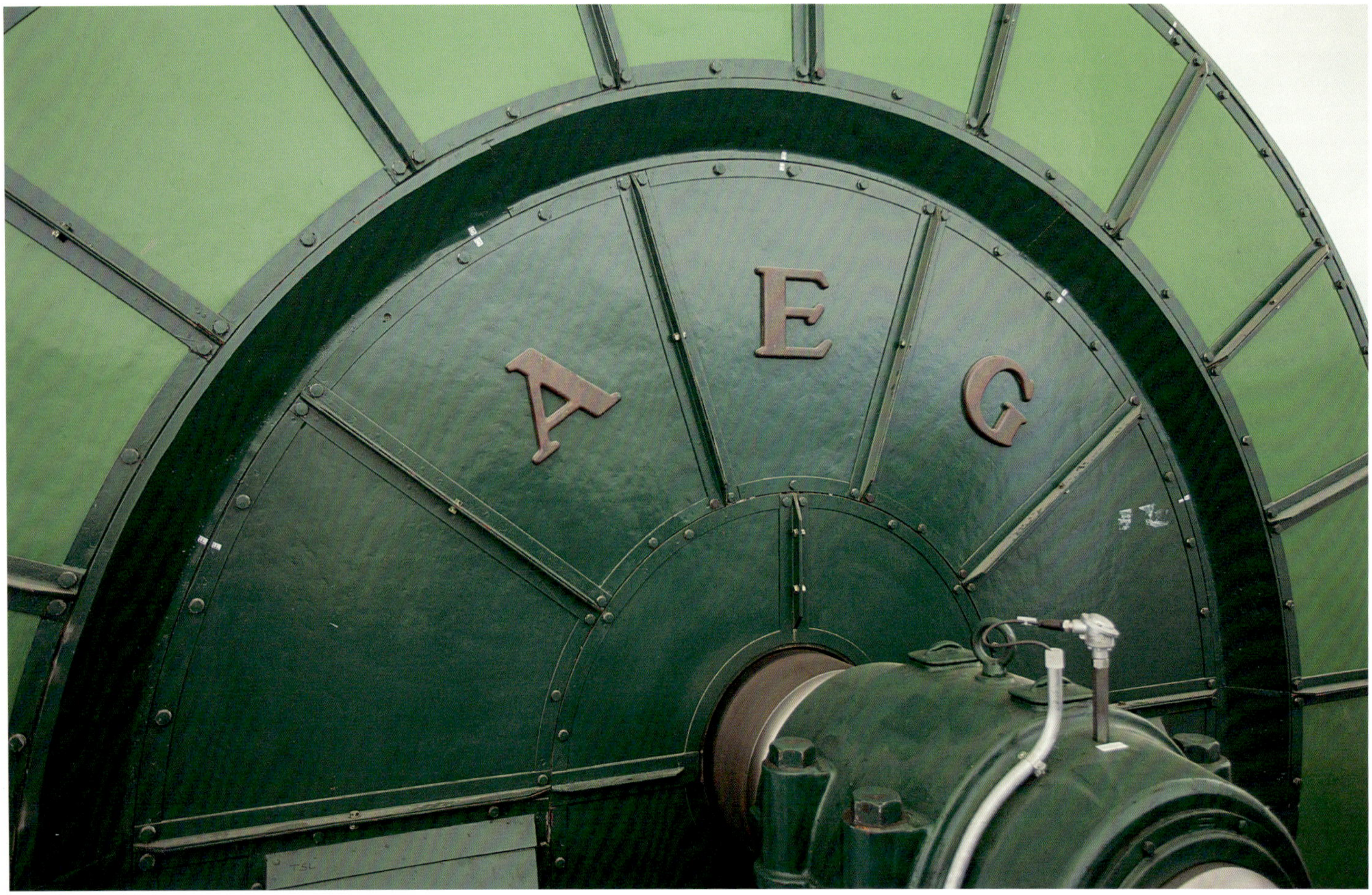

SIEMENS-SCHUCKERTWERKE
MODELL WJa600 MASCH. Nr. 119172 N
3000 VOLT 3×115,5 AMPERE FREQ. 50
dauernd LEIST. P.S. 480 K.W. cos φ = 0,8
SCHLEIFR. VOLT 125 UMDR.

SSW

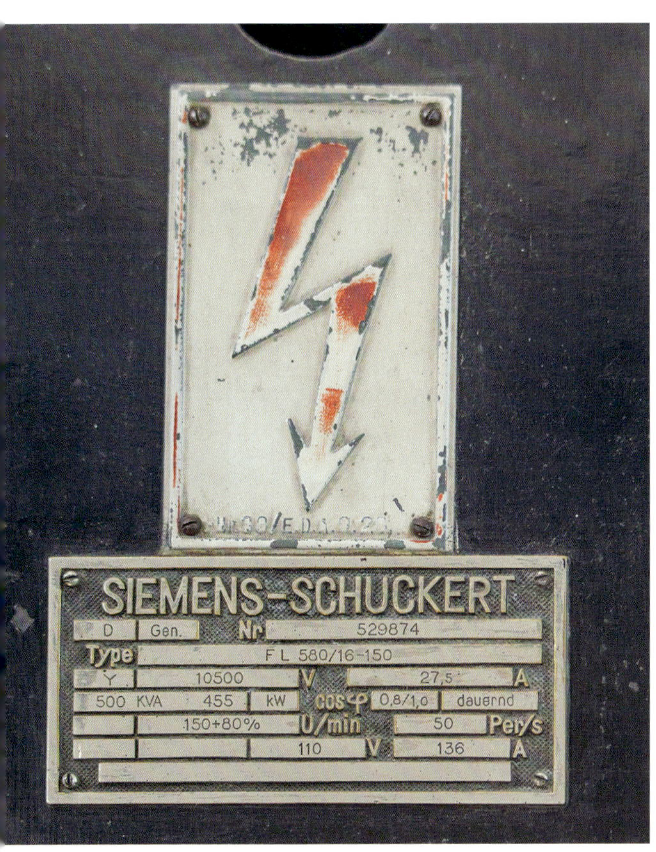

Voll Stolz auf die Ingenieurskunst prangen die Schriftzüge deutscher Technikkonzerne auf Anlagen in Wasserkraftwerken zwischen dem Wertachkanal und dem Nördlichen Lechkanal bei Meitingen. Namen wie Siemens-Schuckert kannte man auch, wenn – wie im Wertachkraftwerk – nur die Initialen „SSW" zu lesen waren. Die AEG Aktiengesellschaft, einst einer der weltweit größten Elektrokonzerne, nennt man noch heute „AEG". Erhalten ist auch weniger prominente, ebenfalls schier unzerstörbare Technik der Wasserversorgung wie ein 1878 eingebauter, 1984 ausgebauter Trinkwasser-Teilkasten: Dieses technische Denkmal steht in einer Grünanlage im Augsburger Textilviertel.

Die 22 „offiziellen“ Denkmäler des UNESCO-Welterbes

In Augsburg gibt es – im Stadtbild wie in den dortigen Museen – noch wesentlich mehr zu Wasserbau und Wasserkraft, Trinkwasser und Brunnenkunst zu sehen. Doch für die Bewerbung der Stadt als UNESCO-Welterbe wurden diese 22 Denkmäler ausgewählt. Das Geflecht der Kanäle und Bäche an Lech und Wertach ist (mit dem Nördlichen Lechkanal) rund 180 Kilometer lang. Das System erstreckt sich von der südlichen Stadtgrenze Augsburgs bis in den Landkreis Augsburg und verbindet sämtliche 22 Denkmäler des „Augsburger Wassermanagement-Systems“. Die Welterbestätte belegt Nutzungen, Technologien und Innovationsschritte zwischen 1276 und 1972.

Kanäle im Lechviertel

Wasserwerk am Roten Tor

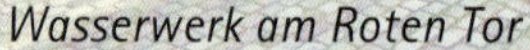

Wasserwerk am Mauerberg

Wasserwerk am Vogeltor

Augustusbrunnen

Merkurbrunnen

Herkulesbrunnen

Stadtmetzg

Galgenablass

Hochablass

Wasserwerk am Hochablass

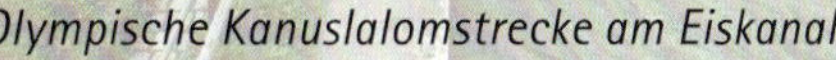

Olympische Kanuslalomstrecke am Eiskanal

Wasserkraftwerk am Stadtbach

Wasserkraftwerk am Proviantbach

Wasserkraftwerk auf der Wolfzahnau

Wasserkraftwerk am Singoldkanal

Wasserkraftwerk am Fabrikkanal

Wasserkraftwerk am Wertachkanal

Wasserkraftwerk Riedinger am Senkelbach

Wasserkraftwerk Gersthofen

Wasserkraftwerk Langweid

Wasserkraftwerk Meitingen

Bildnachweis

Die Fotografien in diesem Buch stammen von Martin Kluger, context verlag Augsburg, mit Ausnahme von:

Bad Hindelang/Wolfgang B. Kleiner:
S. 9 (1/u.), S. 32 (1/o.)

Thomas Baumgartner:
S. 79 (1/u.), S. 100/101,
S. 118 (untere Reihe/m.)

Hajo Dietz/Nürnberg Luftbild:
S. 80 (1/o.)

EHME Mediendesign/Gabriele Postner:
S. 10 (1/r.)

Wolfgang B. Kleiner:
S. 12 (2, 1/o.r., 1/m.)

Impressum

WELTERBE WASSER
Augsburgs historische Wasserwirtschaft.
Das UNESCO-Welterbe „Augsburger Wassermanagement-System"
Martin Kluger
ISBN 978-3-946917-15-1
1. Auflage, September 2019

Grafische Produktion:
concret Werbeagentur GmbH, Augsburg
www.concret.cc

Druck:
Senser Druck, Augsburg

Bibliografische Information
der Deutschen Nationalbibliothek:

Die Deutsche Nationalbibliothek verzeichnet diese Publikation in der Deutschen Nationalbibliografie, detaillierte bibliografische Daten sind im Internet über
http://dnb.dnb.de abrufbar.
ISBN 978-3-946917-15-1